计算机二级考试必备

最新版

计算机二级Office通关秘籍

TONGGUAN MIJI

小黑老师 主编

长江出版传媒
湖北人民出版社

图书在版编目(CIP)数据

计算机二级Office通关秘籍 / 小黑老师主编. — 武汉：湖北人民出版社，2020.7（2022.4重印）

ISBN 978-7-216-10004-5

Ⅰ. ①计… Ⅱ. ①小… Ⅲ. ①办公自动化—应用软件—水平考试—自学参考资料 Ⅳ. ① TP317.1

中国版本图书馆CIP数据核字(2020)第121604号

责任编辑：左斌斌
封面设计：刘舒扬
责任校对：范承勇
责任印制：王铁兵

计算机二级Office通关秘籍
JISUANJI ERJI Office TONGGUAN MIJI

出版发行:湖北人民出版社 **地址**:武汉市雄楚大道268号
印刷:武汉市首壹印务有限公司 **邮编**:430070
开本:880毫米×1230毫米 1/32 **印张**:8
版次:2020年7月第1版 **印次**:2022年4月第2次印刷
字数:240千字 **定价**:28.00元
书号:ISBN 978-7-216-10004-5

本社网址：http://www.hbpp.com.cn
本社旗舰店：http://hbrmcbs.tmall.com
读者服务部电话：027-87679657
投诉举报电话：027-87679757

前言

亲爱的学员们：

我是你们的小黑老师，非常感谢你们选择小黑课堂。大家应该都知道全国计算机二级 Office 考试通过率很低，只有 21.07%，所以希望大家一定要认真学习、用心备考，争取一次通过考试。

为什么计算机二级 Office 考试原题率高达 90%以上，但通过率却如此之低？是因为很多学员在复习备考中存在误区，在这里我结合多年的教学经验为大家写一篇如何高效通关计算机二级考试的备考攻略，希望会对你有所帮助。

（一）如何进行复习备考

很多同学在计算机二级备考时，会直接刷题库，这是大家存在的最大误区。如果你连考点都没弄明白，就直接进行题海战术，其实效率是非常低的。我给大家的复习建议是：一定要先将每个知识点弄明白，再将我们拆解的典型真题案例做两遍，这样会帮你快速建立知识框架，明白考试重点和难点，再去做题就事半功倍了！

当然我们在复习备考中一定要注意复习顺序，这个是由考试题型和特点决定的。计算机二级 Office 考试有两种题型：选择题占 20 分，操作题占 80 分。我给大家的复习建议是：按照先操作题后选择题的顺序进行，操作题部分是我们复习的重点，请一定要多动手操作，不能只看视频，操作题至少要安排 30 天学习时间。选择题部分多数是记忆性内容，过早复习容易忘记，一般在考前 15 天左右开始复习。大家将书中的精选题目看熟即可，需要计算的题目我会在考前直播中给大家讲解。

接下来我将给大家说一下操作题每一板块的学习方案。操作题一共分为三大板块，Word 专题、Excel 专题和 PPT 专题，在考试中的分值分别是 30 分、30 分、20 分，这一部分大家最低应拿到 55 分。

Word 部分知识点非常琐碎，大家在学习的时候注意整理知识大纲，以选项卡为单位进行学习和记忆。如果可以，大家可以参考我编写的计算机二级考点速查手册，自己整理一份考点思维导图，这样会记得更加牢固。Word 专题我们最低的目标得分是 20 分。

Excel 部分分为两大板块：第一板块是基本操作，这部分比较简单，大家只要把操作步骤记住，多练习几遍即可，这一部分大家力争拿到满分。第二板块是函数公式，很多同学都特别头疼甚至害怕学习函数公式，其实大可不必。函数公式学习的三要素是：函数名、功能、参数。函数部分一定要在理解的基础上加以记忆，多练习是关键，一般来说一个函数案例大家至少要做 5 遍。Excel 专题我们最低的目标得分是 20 分。

PPT 部分整体都很简单，大家依然可以以选项卡为单位进行学习和记忆，但 PPT 动画和 PPT 母版较为困难，大家复习时要重点突破。PPT 专题我们最低的目标得分是 15 分。

操作题部分，我从历年真题中拆解出高频考点的典型案例，大家一定要先把这些案例做 1～2 遍。

做完典型案例后，就可以开始刷整套真题了。刷真题应注意：先看题目自己想思路，再看视频记住操作步骤，最后自己动手练习，遇到不会的再去看视频，千万不能边看视频边做题，每做完一套真题都要做总结，主要总结本套题目的考点、难点和自己犯错的点。

扫码关注“小黑课堂计算机二级”

回复“必过二级”获得书籍配套案例和学习交流群

（二）考试做题策略

考试时要注意，先整体看一下题目，是否抽到了自己没做过的题目；再分析一下难度分布，一定将自己会做的题目先做完，会做的题目尽量拿到满分；注意合理分配时间，不要因为一个小题影响整体的答题速度。考试时最好每做完一小问就保存一次，防止电脑突然崩溃导致已做好的题目没有保存；遇到电脑出现问题要第一时间找监考老师，不要擅自处理；交卷前一定注意检查一下考生文件夹。

我一直坚持的理念是：学好技能，顺带考证。希望大家能在备考的过程中认真学好 Office 办公软件，这在你们将来的工作中一定用到的。请一定铭记：比证书更重要的是动手能力。

请大家原谅我的唠唠叨叨，我是真心希望各位同学不仅仅能考过计算机二级考试，更能够学到实用的技能。

我是小黑老师，我的 QQ 是 82375141，希望能够一直陪伴你们学习进步！

目　　录

第1章　Word文字处理专题

01.字体考点　　难度系数★☆☆☆☆

字体考核方式主要分为两种：第一种是看图派，根据样图修改尽量相似即可，只要修改即可得分；第二种是精确派，必须和题目要求保持一致。（考频：20次）

001.常规考点

字体、字号、加粗、倾斜、下划线、上标、突出显示、字体颜色。

002.添加拼音

题目要求：在标题“请柬”二字上方添加带声调的拼音，拼音与汉字应在一行中显示。

【添加拼音操作步骤】

选中“请柬”文字→在【字体】组点击【拼音指南】按钮→在弹出的对话框中点击【确定】即可，如图1-1所示。

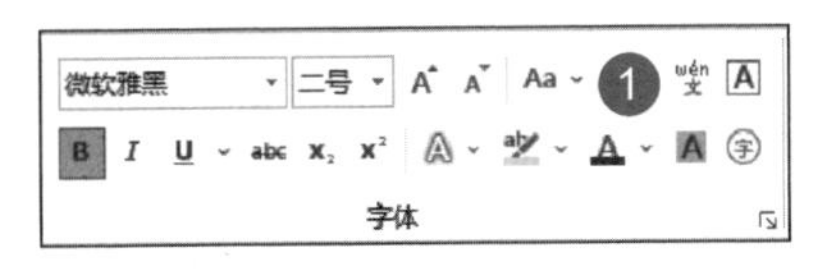

图1-1　添加拼音

003.中英文混排

题目要求：将全文中文字体改为微软雅黑，英文字体改为Times New Roman。

【中英文字体设置操作步骤】

选中所有文字→打开字体右下角对话框按钮→在【中文字体】和【西文字体】中选择对应的字体，如图 1-2 所示。

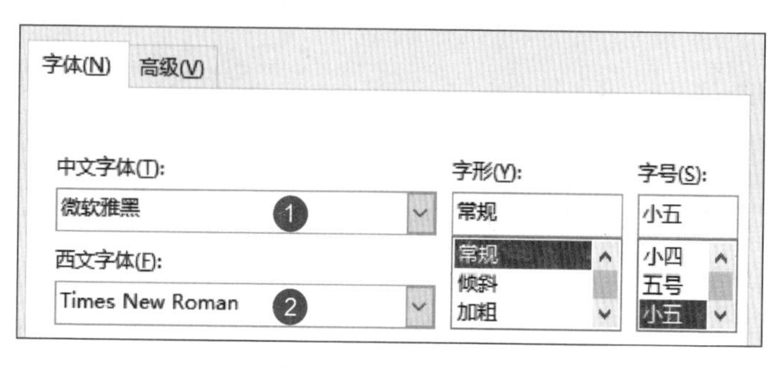

图 1-2　中英文混排

004.文本效果

题目要求：设置“德国主要城市”的文本效果为：填充：橄榄色，主题色 3，锋利棱台。

【文本效果操作步骤】

选中“德国主要城市”→【字体】组→点击【文本效果】→选择题目要求的文本效果(光标移动到该字体效果的右下角会出现该文本效果的说明文字)，如图 1-3 所示。

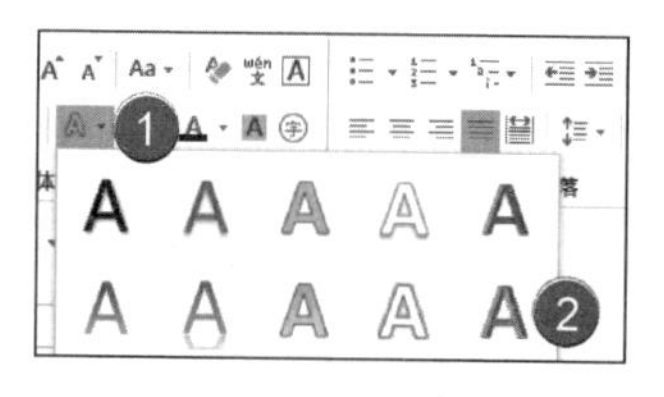

图 1-3　文本效果

005.字符间距

题目要求：设置“德国主要城市”的字符间距为加宽、6 磅。

【设置字符间距操作步骤】

选中“德国主要城市”→点击字体右下角对话框按钮→【高级】按钮→【间距】中选择加宽→输入 6 磅，如图 1-4 所示。

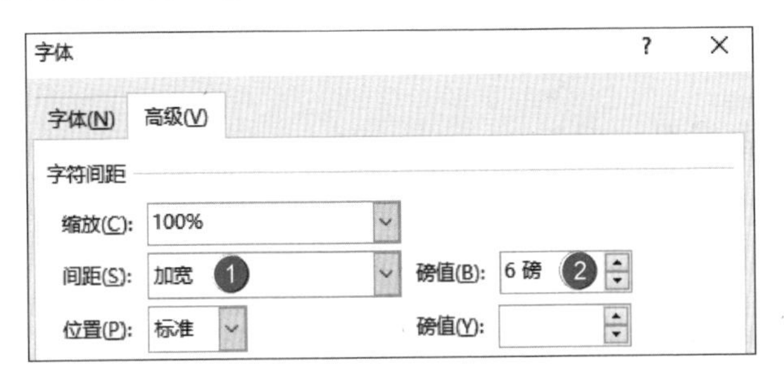

图 1-4 字符间距

02.段落考点 难度系数★★★☆☆

001.基础考点

对齐方式、大纲级别、左右缩进、首行缩进、悬挂缩进、段落间距、行距、对齐网格线，如图 1-5 所示。

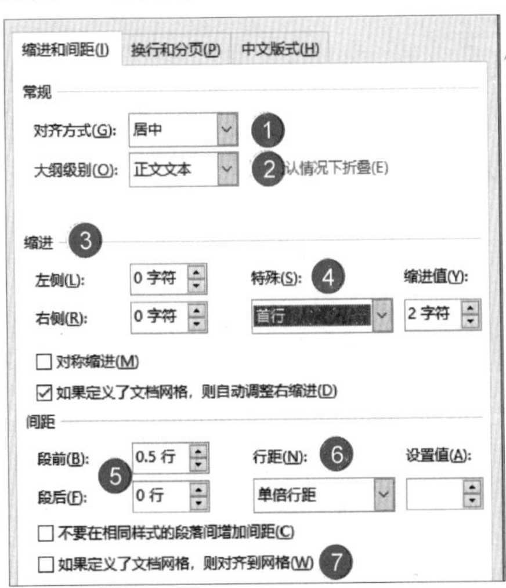

图 1-5 段落基础考点

缩进：左右缩进、首行缩进、悬挂缩进。单位有字符、厘米，如果找不到题目要求的单位，手动输入即可。

段落间距：段前距、段后距。行距单位有行、磅，单位手动输入即可修改。

行距：常考的是固定值、多倍行距（譬如：0.97 倍行距，直接手动输入）。

002.右侧居中对齐

题目要求：将落款中包含人名及日期的两行文本在页面的右侧居中显示。

【右侧居中对齐操作步骤】

选中文本→在【段落】组→点击【居中】按钮→再多次点击【增加缩进量】按钮，将对应文字调整到右侧，如图 1-6 所示。

图 1-6　右侧居中对齐

003.项目符号

考试常考项目符号的大小、颜色和添加图片项目符号等。

【设置项目符号操作步骤】

选中文本→【段落】组→点击【项目符号】按钮旁边的下拉按钮→选择题目要求的符号，如图 1-7 所示。

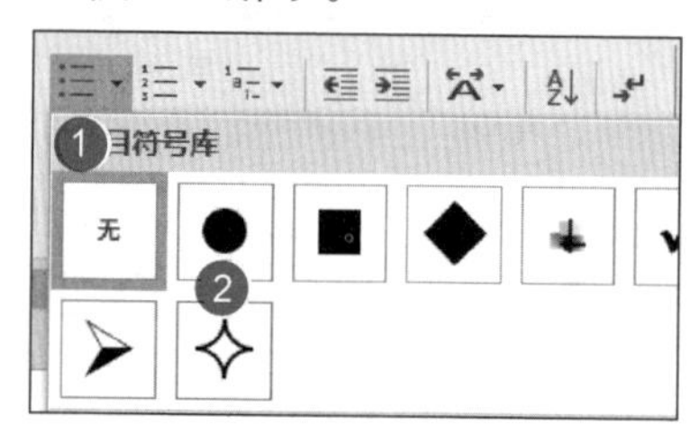

图 1-7　项目符号

如需修改项目符号的大小和颜色，选中项目符号，在【字体】组中调整大小和颜色即可。

【设置图片项目符号操作步骤】

选中文字→【段落】组→【项目符号】下拉箭头→选择【定义新项目符号】→图片→导入→选中图片即可，如图 1-8 所示。

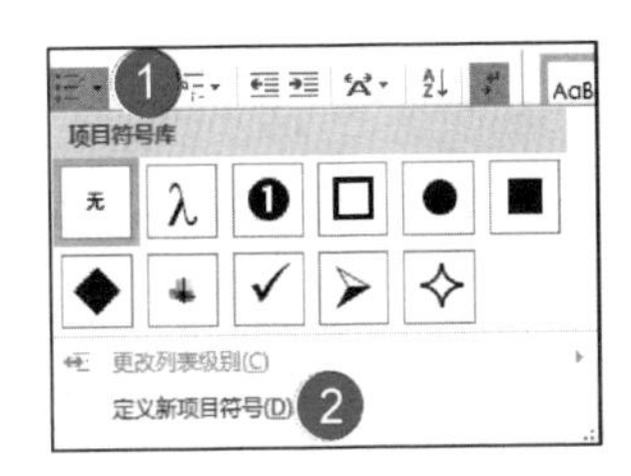

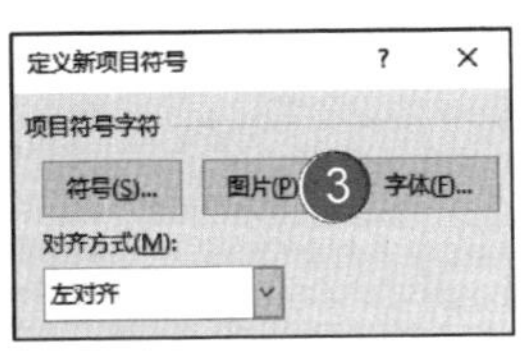

图 1-8　图片项目符号

特别提醒：如果需要调整项目符号大小，选中项目符号即可调整。

004.项目编号

【添加项目编号操作步骤】

选中文本→点击【编号】旁边的三角按钮→选择题目要求的项目编号，如图 1-9 所示。

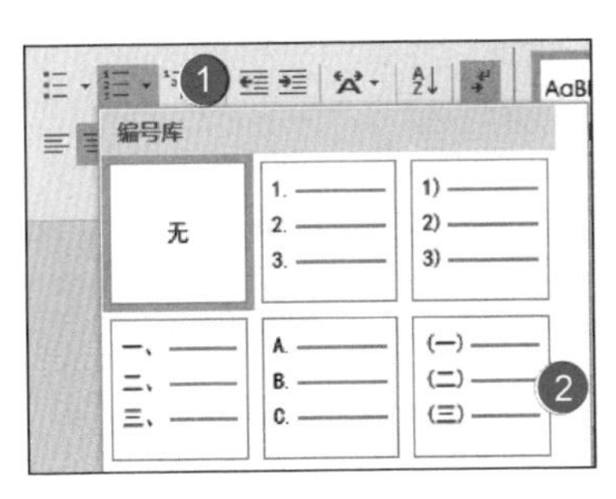

图 1-9　添加项目编号

【定义新编号格式操作步骤】

如需修改编号格式→【编号库】中选择【定义新编号格式】→在【编

号样式】里面选择新的编号样式→在【编号格式】输入新编号格式，如图1-10 所示。

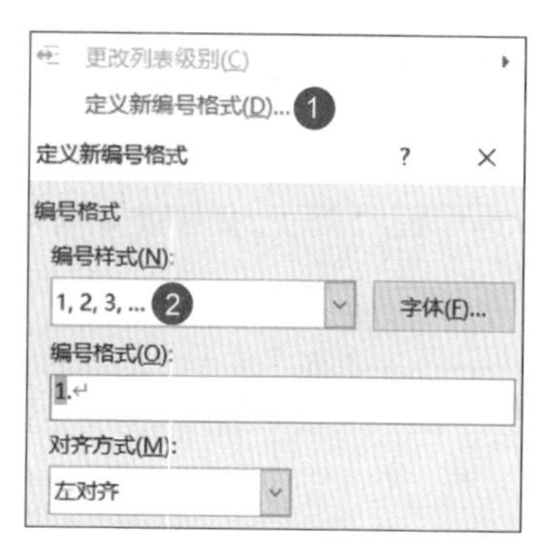

图 1-10 定义新编号格式

005.调整宽度

调整宽度是指一列文字字数不相同时，需将其对齐，使得排版效果更加美观，如图 1-11 所示。

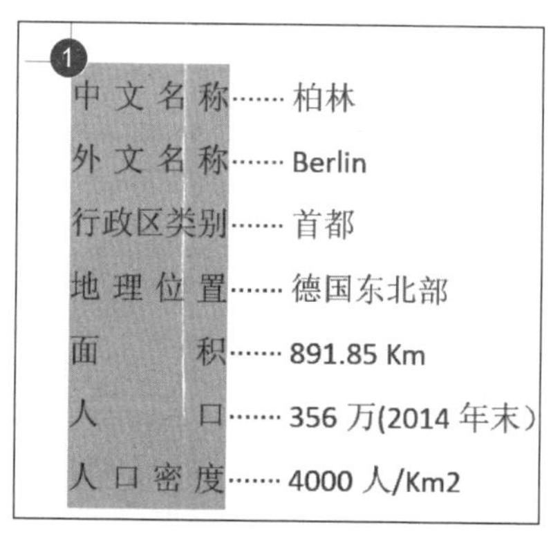

图 1-11 调整宽度

题目要求：将柏林下方第 1 列文字的宽度设置为 5 字符。

【调整字符宽度操作步骤】

按住【Alt】键选择需调整宽度的文字区域→在【段落】组→点击【中文版式】按钮→选择【调整宽度】选项→在【新文字宽度】栏中输入“5 字

符”，如图 1-12 所示。

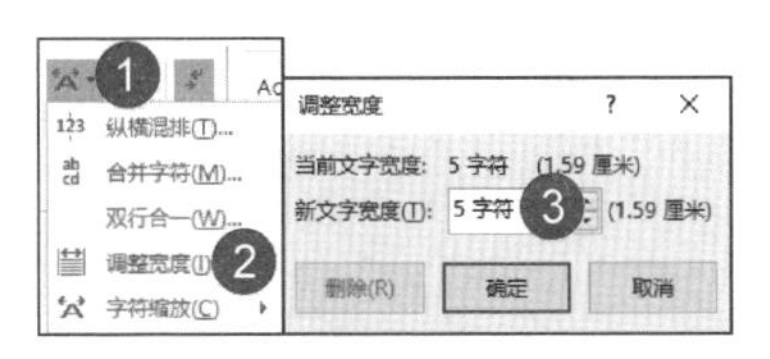

图 1-12　调整字符宽度

006.双行合一

题目要求：对文字“成绩报告 2015 年度”应用双行合一的排版格式，“2015 年度”显示在第 2 行。

【双行合一操作步骤】

选中文本“成绩报告 2015 年度”→在【段落】组→点击【中文版式】按钮→弹出的下拉列表中选择【双行合一】选项，如图 1-13 所示。

图 1-13　设置双行合一

007.段落排序

题目要求：将所有的城市名称标题（包含下方的介绍文字）按照笔画顺序升序排列。

【段落排序操作步骤】

【视图】选项卡→点击【大纲】视图→显示级别设置为【1 级】→选中 1 级标题→段落【排序】→设置主要关键字为【段落数】→排序类型为【笔画】→选择升序，如图 1-14 所示。

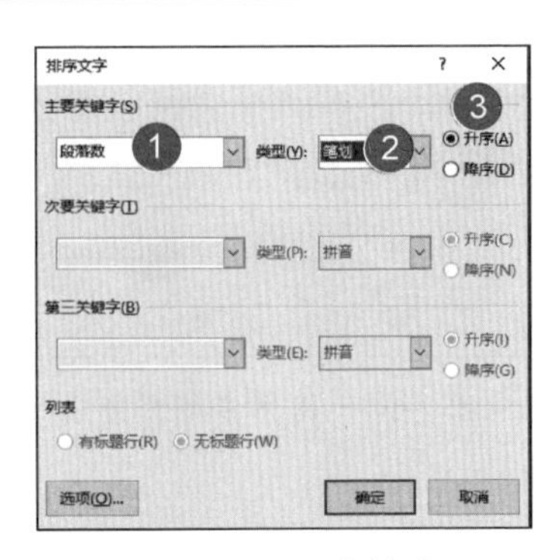

图 1-14 段落排序

008.边框和底纹

题目要求：边框类型为方框，颜色为“深蓝，文字 2”，左框线为 4.5 磅，下框线为 1 磅，框线紧贴文字（到文字间距磅值为 0），取消上方和右侧框线。

【设置段落边框操作步骤】

选中段落文字→【段落】组→【边框】按钮→【边框和底纹】→选择边框类型→设置边框样式→调整边框颜色→选择边框粗细→右侧的预览中单击所需边框的上、下、左、右边框，如图 1-15 所示。

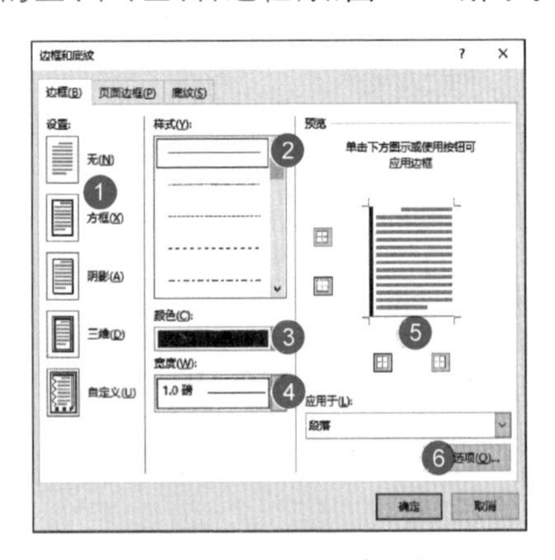

图 1-15 设置段落边框

边框选项：设置边框与正文间的距离：选中文字→【段落】组→【边框和底纹】→【选项】→设置上下左右边距，如图 1-16 所示。

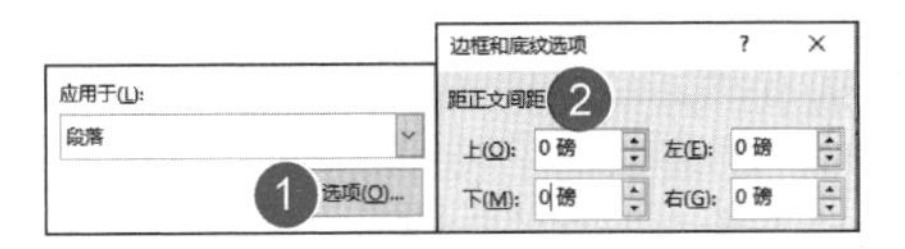

图 1-16　边框距正文距离

【设置段落底纹操作步骤】

选中要设置底纹的段落→打开【边框和底纹】→选择底纹颜色、样式确定应用于【段落】,如图 1-17 所示。

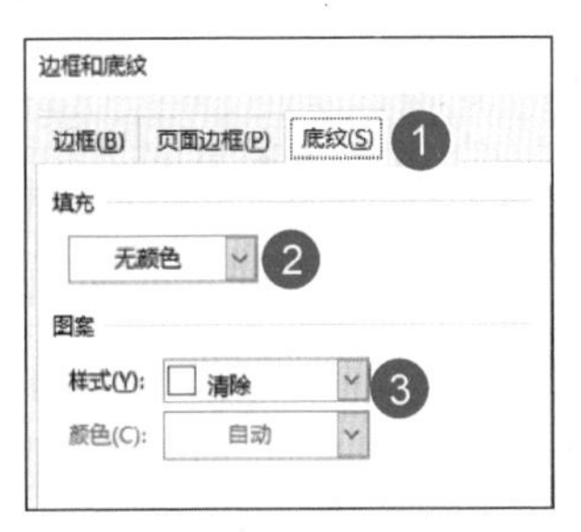

图 1-17　设置段落底纹

009.插入横线

题目要求:在"MicroMacro 公司人力资源部文件"文字下方插入水平横线(注意:不要使用形状中的直线),将横线的颜色设置为标准红色。

【插入横线操作步骤】

光标定位在空白段落→【段落】组→点击【边框】下拉按钮→选择【横线】→双击横线,调出格式设置对话框→修改颜色为【红色】,如图 1-18 所示。

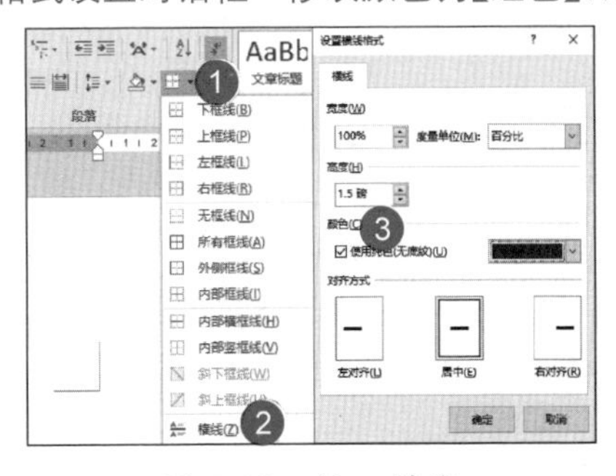

图 1-18　插入横线

010.插入制表位

题目要求:设置 8 字符,左对齐,第五个引导符样式。

【插入制表位操作步骤】

选中文本→点击【段落】右下角对话框按钮→点击左下角【制表位】按钮→在制表位位置文本框中输入第一个制表位的位置(以“字符”为单位)→输入后选择【对齐方式】和【前导符】样式→点击【设置】按钮,如图 1-19 所示。

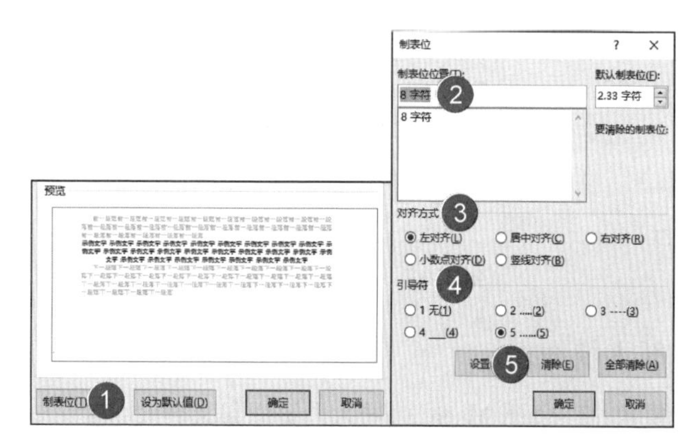

图 1-19 插入制表位

特别提醒:

1.一定要先选中所有需要添加制表位的文本再设置。

2.设置之后在对应位置按【Tab】键应用制表位。

011.与下段同页

题目要求:设置红色标题的段落与下段同页。

【与下段同页操作步骤】

选中红色标题文字→点击【段落】右下角对话框按钮→【换行与分页】→勾选【与下段同页】,如图 1-20 所示。

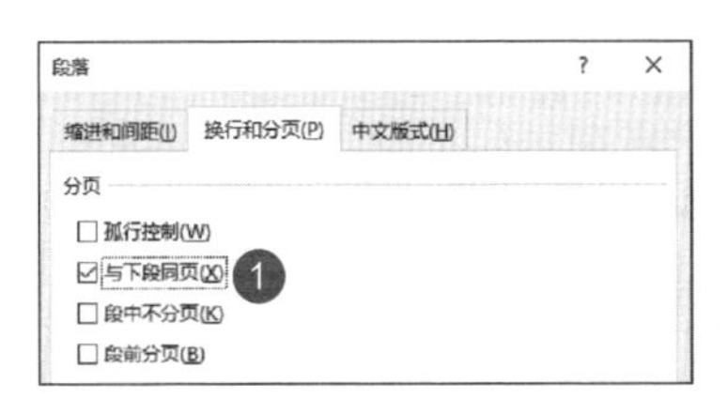

图 1-20　与下段同页

03.样式考点　　难度系数★★★★☆

样式包括新建、修改、批量删除、复制、赋予，其中样式复制与批量删除是难点。(考频:24 次)

001.样式的新建

【样式的新建操作步骤】

点击【样式】右下角对话框按钮→左下角第一个按钮选择【新建样式】→在【属性】栏中设置样式名称→在左下角【格式】中设置字体段落边框等格式，如图 1-21 所示。

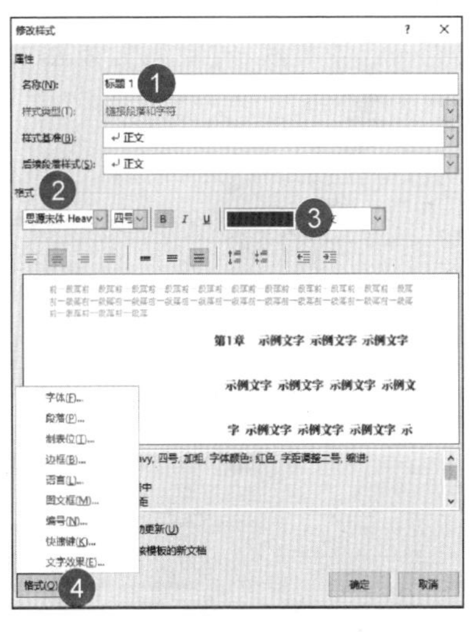

图 1-21　样式的新建

002.样式的修改

【样式的修改操作步骤】

在【样式】组找到需要修改的样式→单击右键【修改】,如图 1-22 所示。

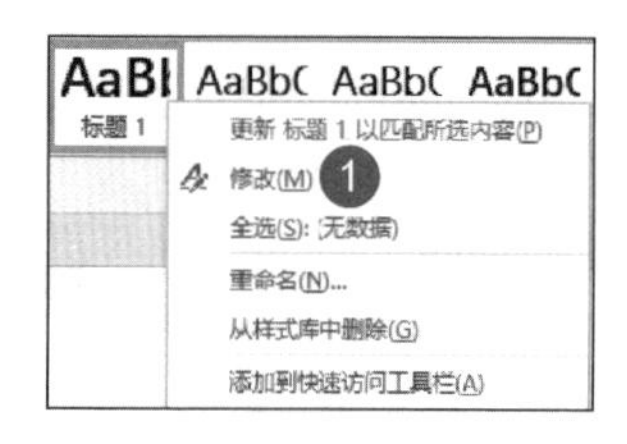

图 1-22　样式的修改

003.样式的复制

题目要求:将“Word_样式标准.docx”文档样式库中的“标题 1,标题样式一”和“标题 2,标题样式二”复制到 Word.docx 文档样式库中。

【样式的复制操作步骤】

点击【样式】右下角对话框按钮→左下角选择【管理样式】→【导入/导出】→右侧点击【关闭文件】→【打开文件】→文件类型为【所有 word 文档】→选中目标文档→选中样式→【复制】,如图 1-23 所示。

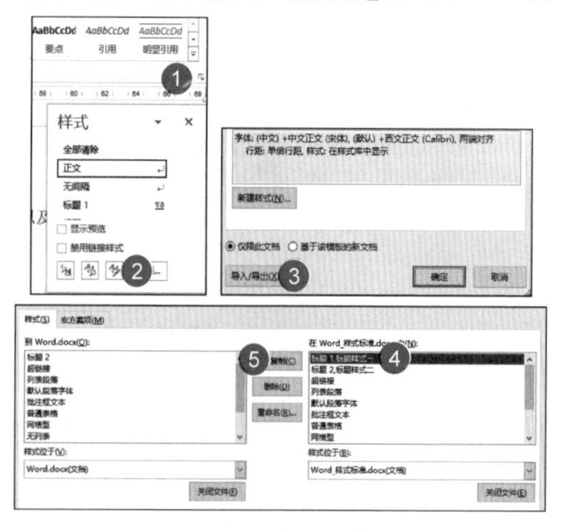

图 1-23　样式的复制

特别提醒：打开文件时把文件类型改成所有 Word 文档或者所有文件。

004.样式的赋予

题目要求：查看文档中含有绿色标记的标题，例如“致我们的股东”“财务概要”等，将其段落格式赋予到本文档样式库中的“样式 1”。

【样式的赋予操作步骤】

选中绿色文字→点击【样式】右下角对话框按钮→找到【样式 1】→点击下拉按钮→选择【更新样式 1 以匹配所选内容】，如图 1-24 所示。

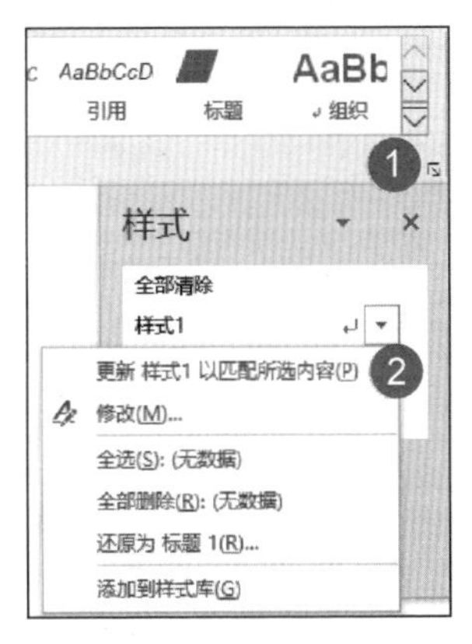

图 1-24　样式的赋予

005.批量删除样式

【删除以 a、b 开头的样式操作步骤】

点击【样式】右下角对话框按钮→左下角选择【管理样式】→【导入/导出】→按【Shift】键选中以 a、b 开头的样式→【删除】。

006.阻止切换到其他样式集

点击【样式】右下角对话框按钮→左下角选择【管理样式】→【限制】→勾选【阻止切换到其他样式集】，如图 1-25 所示。

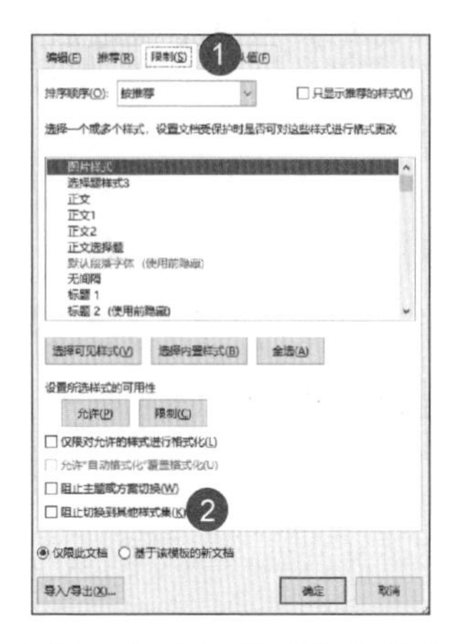

图 1-25　阻止切换到其他样式集

007.显示所有样式

点击【样式】右下角对话框按钮→右下角点击【选项】→选择要显示的样式为【所有样式】,如图 1-26 所示。

图 1-26　显示所有样式

04.编辑考点　　难度系数★★☆☆☆

001.查找文档中所有匹配内容

题目要求:查找所有的"ABC 分类法"。

【查找操作步骤】

点击【查找】按钮→打开搜索框→输入“ABC 分类法”，页面中会以黄色标记突出显示所有匹配的内容，如图 1-27 所示。

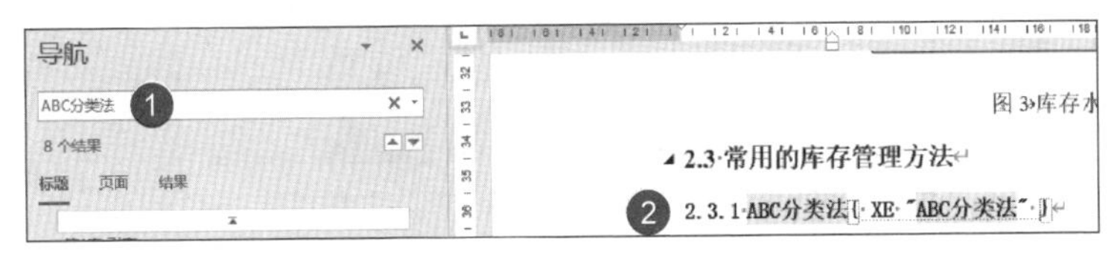

图 1-27　突出显示所有查找内容

002.查找图片、表格、批注

查找功能除了查找文字，还可以快速查找图片、表格、批注，例如：快速找到图形。

【查找图片操作步骤】

点击查找按钮→打开【查找选项和其他搜索命令】→选择【图形】，如图 1-28 所示。

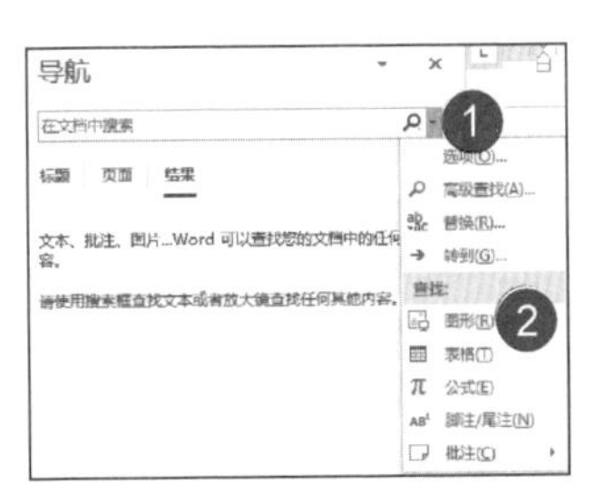

图 1-28　定位查找

003.批量删除

当需要把文档中空格、空白行都删掉时，使用替换功能可快速提高工作效率。

【批量删除空格操作步骤】

打开【替换】对话框→【查找内容】中输入一个空格→【替换为】不输

入任何内容→点击【全部替换】，如图1-29所示。

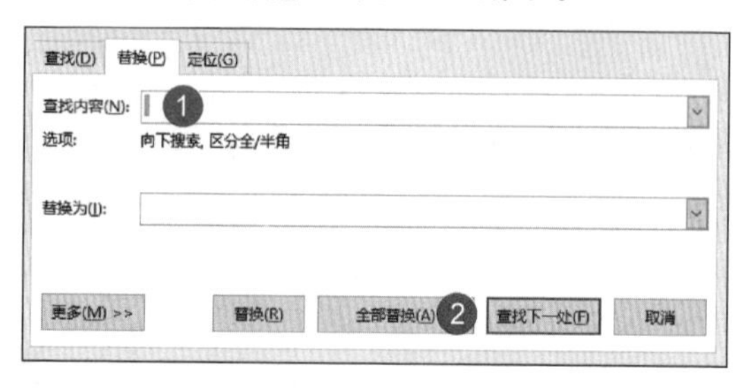

图1-29　文档中的空格

特别提醒：要先看清楚题目是否有要求替换全角空格还是半角空格，如果要求的是全角空格，查找内容则输入全角空格。

【批量删除空行操作步骤】

打开【替换】对话框→光标定位在查找内容栏→点击【更多】→点击【特殊格式】→查找内容输入两个段落标记【^p^p】(段落标记点击【更多】→在【特殊格式】中找)→【替换为】输入一个段落标记【^p】→点击【全部替换】，如图1-30所示。

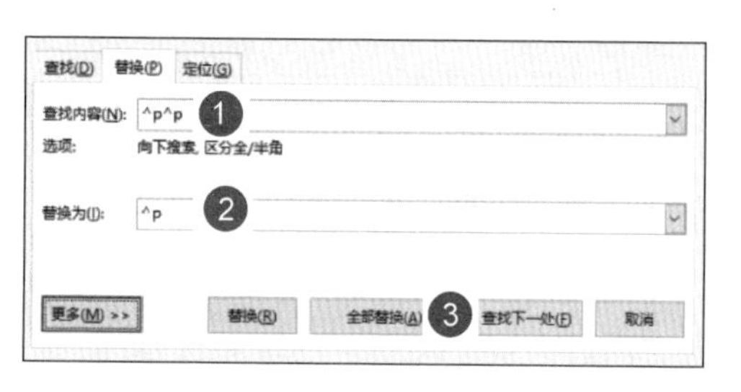

图1-30　文档中的空白行

特别提醒：

1.可能存在多个连续空行的情况，需多点几次【全部替换】，直至替换出现0次。

2.如果多次替换后仍有一处无法替换，则说明在文章开头或者结尾有一处空行，需要手动删除。

004.批量删除索引

题目要求：删除文档中文本“供应链”的索引项标记。

【批量删除索引操作步骤】

打开【替换】对话框→光标定位在【查找内容】栏→首先输入“供应链”→点击【更多】→点击【特殊格式】→选择【域】→光标定位在【替换为】栏→输入“供应链”→点击【全部替换】,如图 1-31 所示。

图 1-31　批量删除索引

特别提醒:替换前一定要先打开显示编辑标记,否则替换不成功。

005.批量将软回车替换为硬回车

题目要求:将文档中的所有手动换行符(软回车)替换为段落标记(硬回车)。

【批量将软回车替换为硬回车操作步骤】

打开【替换】对话框→光标定位在【查找内容】栏→输入“^l”→光标定位在【替换为】栏→输入“^p”(手动换行符和段落标记都是在特殊格式中找)→点击【全部替换】,如图 1-32 所示。

图 1-32　批量将软回车替换为硬回车

006.替换样式

题目要求：将所有用“(一级标题)”标识的段落应用为“标题 1”的样式。

【替换样式操作步骤】

打开【替换】对话框→光标定位在【查找内容】栏→输入“(一级标题)”→光标定位在【替换为】栏→点击【更多】中的【格式】→选择【样式】→【标题 1】→点击【全部替换】，如图 1-33 所示。

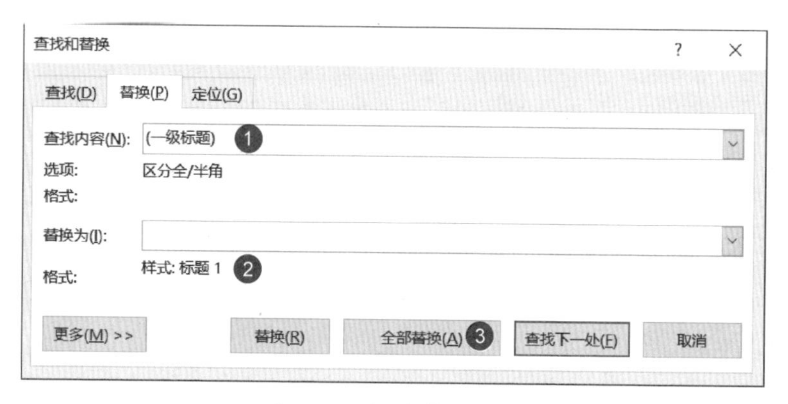

图 1-33　批量替换样式

特别提醒：输入完查找内容之后，光标一定要记住定位在【替换为】再去选择样式。如果不慎忘记移动，点击不限定格式即可撤销。

007.通配符的使用

题目要求：将所有的“(一级标题)”“(二级标题)”“(三级标题)”全部删除。

【通配符的使用操作步骤】

打开【替换】对话框→光标定位在【查找内容】栏→输入“(? 级标题)”→【替换为】栏不输入任何内容→勾选【使用通配符】→点击【全部替换】，如图 1-34 所示。

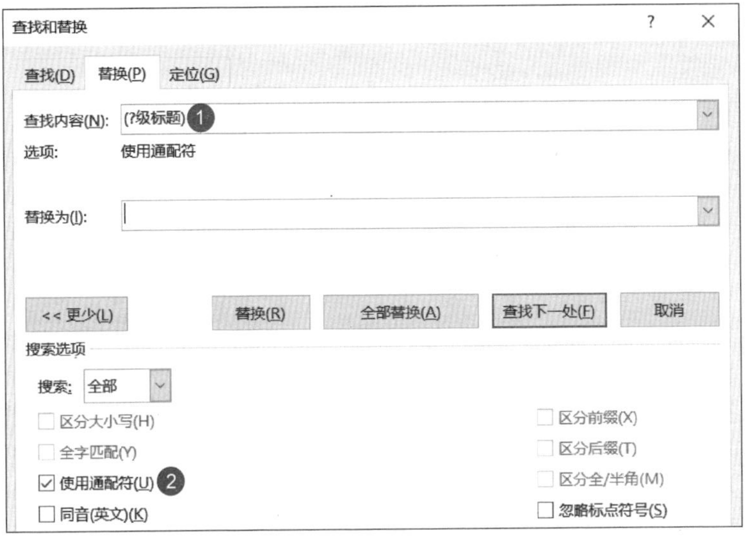

图 1-34　通配符的使用

特别提醒：

1.? 需在英文标点状态下输入。

2.注意勾选【使用通配符】。

3.? 代表任意单个字符；* 代表任意多个字符。

008.批量添加空格

题目要求：将文档中所有样式为“正文”的段落文本的每两个字符之间插入一个西文半角空格。

【批量添加空格操作步骤】

打开【替换】对话框→光标定位在【查找内容】栏→点击【更多】→格式选择【样式】里的【正文】→并在【查找内容】栏输入“?”→勾选【使用通配符】→【替换为】栏输入“^&”（点击特殊格式→选择【查找内容】）→再输入一个半角空格→点击【全部替换】，如图 1-35 所示。

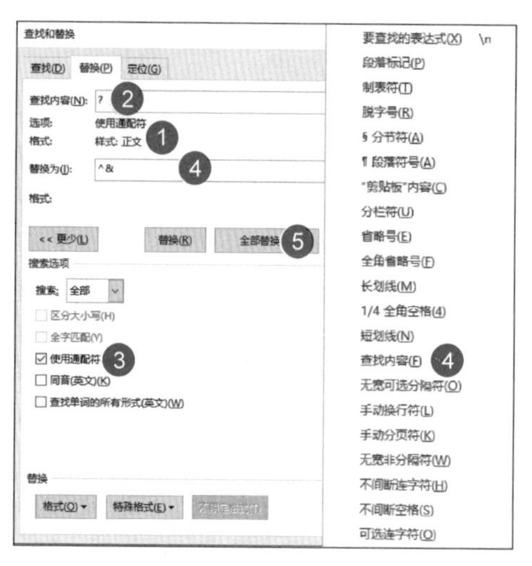

图 1-35　批量添加空格

009.选择基础知识

不连续选择:Ctrl;连续选择:Shift。

010.矩形选择文本

如果纵向选择部分文本,即选择某些列而不是所有列时,使用矩形选择。

【矩形选择文本操作步骤】

按住【Alt】键→同时按住左键拖动鼠标选择所需的纵向区域,如图 1-36 所示。

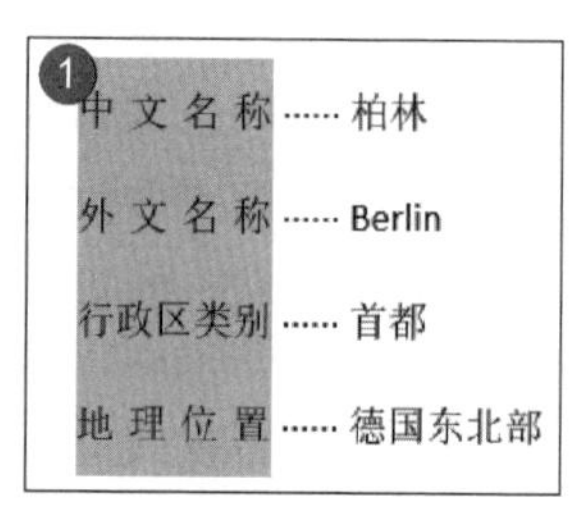

图 1-36　矩形选择

011.选择格式类似的文本

题目要求：将文档中的所有红颜色文字段落应用为标题 1 的样式。

【选择格式类似的文本操作步骤】

先选择其中一个格式的内容→点击【选择】右侧下拉按钮→选择【选定所有格式类似的文本】→应用【标题 1】样式，如图 1-37 所示。

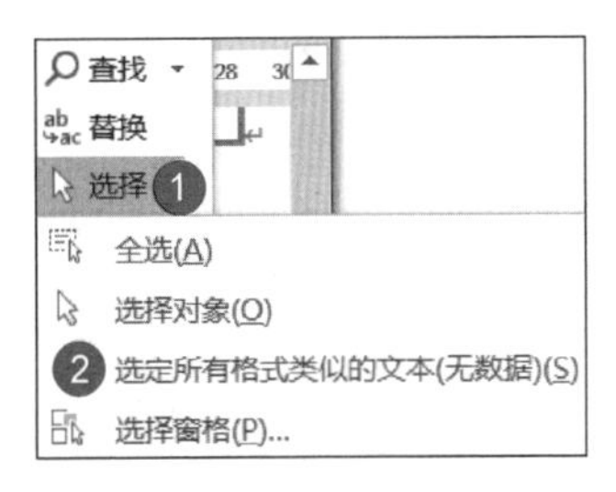

图 1-37　选择格式类似的文本

012.选择窗格

显示文档中的隐藏图片：光标定位到文档中指定位置→【选择】下拉按钮→【选择窗格】→将隐藏图片点击显示，如图 1-38 所示。

图 1-38　显示隐藏图片

05.剪切板考点　　难度系数★★☆☆☆

001.粘贴文档内容

在执行粘贴操作时，根据需求可选择保留源格式、合并格式、只保留文本、图片四种格式，如图 1-39 所示。

【粘贴操作步骤】

复制内容→单击右键→【粘贴选项】→选择需要的格式，如图 1-39 所示。

图 1-39　粘贴对话框

002.选择性粘贴

题目要求：将 Excel 文件中日程安排表的内容复制粘贴到 Word 文档中，如果 Excel 文件内容发生改变，Word 文档也要随之改变。

【选择性粘贴的操作步骤】

在 Excel 表格中复制该表格→在 Word 中点击【粘贴】下拉菜单→点击【选择性粘贴】→【粘贴链接】→选择【Microsoft Excel 工作表对象】，如图 1-40 所示。

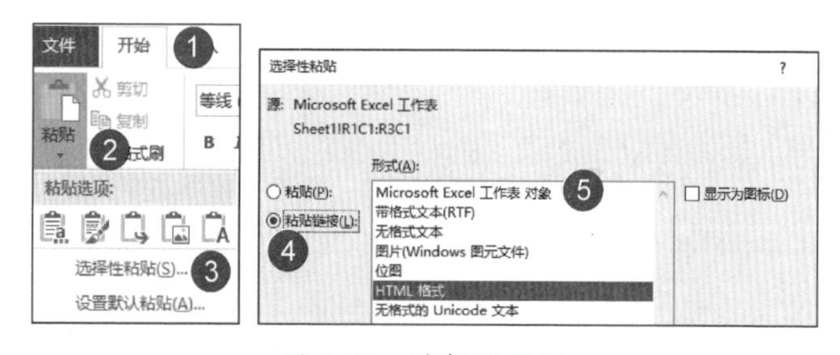

图 1-40　选择性粘贴

特别提醒：

1.粘贴时 Excel 表格不能关闭。

2.如果 Excel 内容发生改变，只要在 Word 文档中按下 F9（更新域），即可更新。

06.封面考点　　难度系数★★☆☆☆

为文档添加一个封面，会使文档看起来更加规范合理。(考频：10 次)

001.Word 自带模板

Word 提供了多种多样的内置封面，如图 1-41 所示。

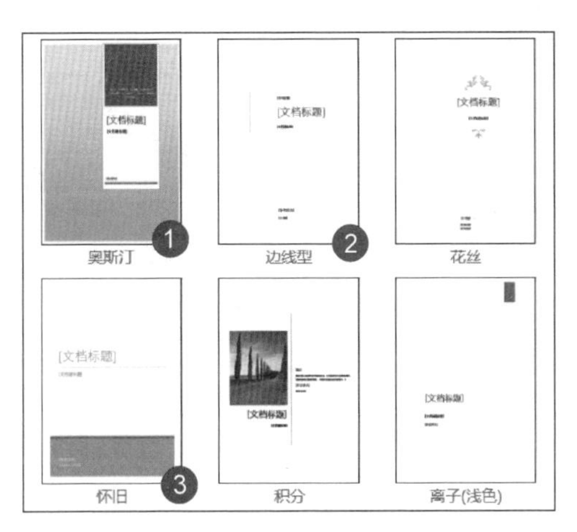

图 1-41　内置封面

特别提醒：在插入 Word 内置封面时，注意删除相关占位符。

002.运动型封面

题目要求：参考样例文档“封面样例.jpg”，在文档的最前面插入“运动型”封面，将前 3 行文字分别移动到相应的控件或新建的文本框中，文档标题应位于标题控件中，“二〇一三年三月”应位于日期控件中，并适当调整控件位置以及控件的属性以保证内容正确。

【运动型封面操作步骤】

【插入】选项卡→选择【运动型】封面→添加封面文字，调整文本框对齐方式→光标定位在日期控件→点击【开发工具】选项卡→点击【属性】→选择【二〇二一年十月】格式，如图 1-42 所示。

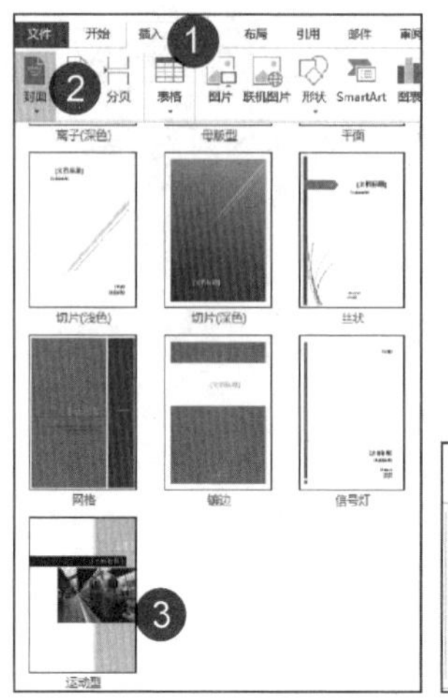

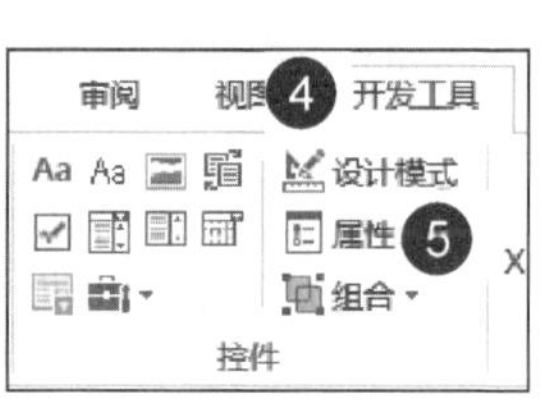

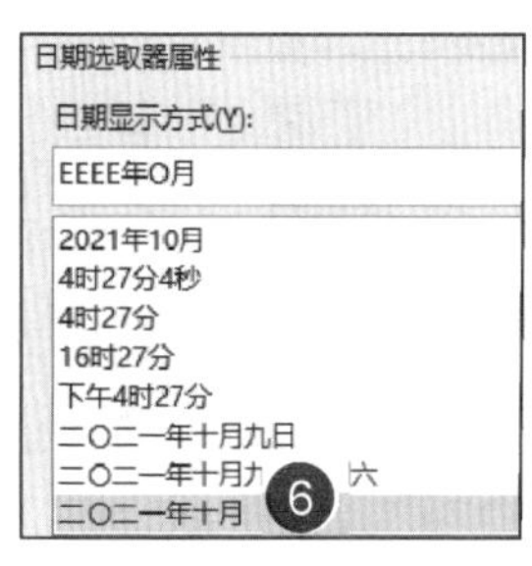

图 1-42 运动型封面

003.自制封面

当 Word 内置封面不满足需求时,可以通过插入文本框、图片等元素来设计符合需求的封面。

特别提醒:自制封面时注意设置文本框的环绕方式。

004.删除空白页

【删除空白页的三种方法】

① 光标定位在空白页直接按【Backspace】。

② 光标定位在空白页的上一页按【Delete】。

③ 选中空白页的段落标记,字号行距设置为 1 磅,如图 1-43 所示。

图 1-43　通过调整字号、行距删除空白页

07.插入图形考点　　难度系数★★★☆☆

001.常规考点

形状考点：插入形状、形状填充（颜色）、形状轮廓（颜色、虚实线、宽度）。

图片考点：插入图片、插入剪贴画、艺术效果、图片样式、文字环绕、裁剪、对齐、大小，如图 1-44 所示。

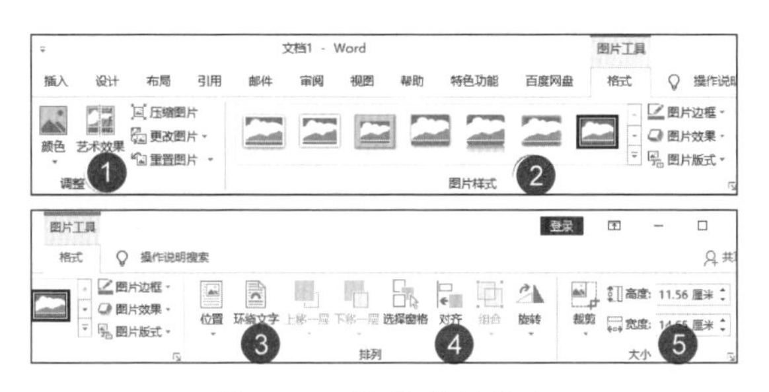

图 1-44　图片常规考点

特别提醒：插入图片之后，根据题目要求判断是否需将图片【环绕文字】设置为【浮于文字上方】。

002.制作流程图

例如：需要插入左图所示的流程图，打开【形状】按钮→点击【新建绘图画布】按钮→在画布上插入流程图形状，如图 1-45 所示。

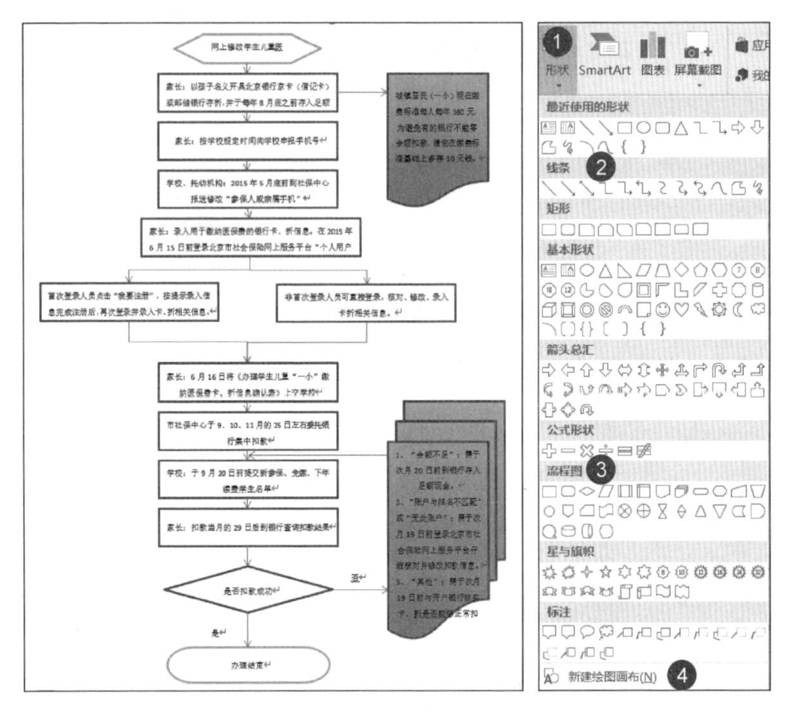

图 1-45　绘制流程图

08.SmartArt 考点　　难度系数★★☆☆☆

SmartArt 可以更好地体现层次关系，以更直观的方式交流信息。(考频：10 次)

001.基础考点

设置布局、颜色、SmartArt 样式。

002.添加形状，添加助理

题目要求：给文本“总经理”添加“助理”。

【添加形状步骤】

选中上一级级别→点击【添加形状】和【添加助理】，如图 1-46 所示。

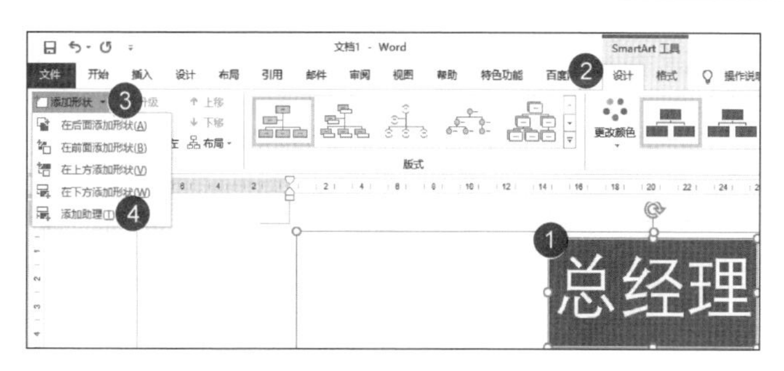

图 1-46　添加形状、添加助理

003.修改 SmartArt 箭头形状

题目要求：修改 SmartArt 图形中 4 个箭头的形状为“燕尾箭头”。

【修改 SmartArt 箭头形状步骤】

选中 SmartArt 内的箭头→单击右键【设置形状格式】→点击【线条】设置结尾箭头类型为【燕尾】，如图 1-47 所示。

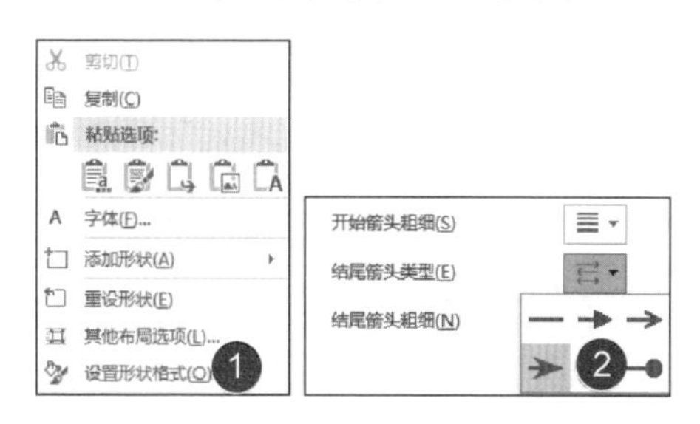

图 1-47　修改 SmartArt 箭头形状

09.表格考点　　难度系数★★★☆☆

001.表格常规考点

表格基本考点：插入/删除行和列、单元格合并拆分、调整表格大小、自动调整、位置以及对齐方式。

【表格基础操作步骤】

选中要调整的表格→选择【表格工具/布局】选项卡→即可调整表

格，如图 1-48 所示。

图 1-48　表格常规考点

002.平均分布列

题目要求：调整各列为等宽。

【平均分布列操作步骤】

选中要平均分布的列→【表格工具/布局】→【分布列】，如图 1-49 所示。

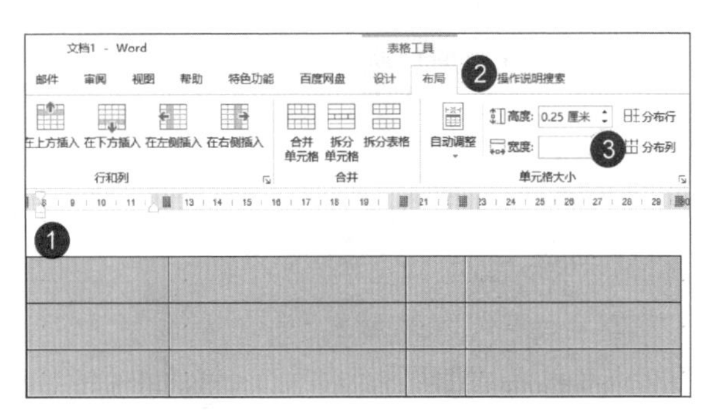

图 1-49　分布列，分布行

特别提醒：分布行的操作与之相似。

003.套用表格样式

题目要求：为表格应用一个恰当的表格样式。

【套用表格样式操作步骤】

选中要设置的表格→【表格工具/布局】→表格样式组设置样式，如图 1-50 所示。

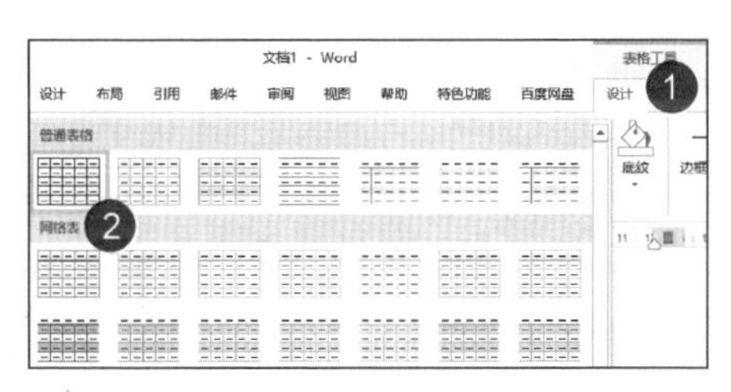

图 1-50　套用表格样式

004.表格属性

题目要求:设置表格宽度为页面的 80%。

【表格属性操作步骤】

选中整个表格→单击右键→【表格属性】→勾选【指定宽度】复选框→度量单位改成【百分比】→输入“80%”,如图 1-51 所示。

图 1-51　表格属性

005.文本转换成表格

当不同列的文本之间有空格、制表符、逗号等分隔符号时，就可以使用文本转换成表格功能将文本直接转换成表格。

题目要求：将文档第 1 页中的绿色文字内容转换为 2 列 2 行的表格。

【文本转换成表格操作步骤】

选中要转换的文本→【插入】选项卡→点击表格下拉按钮→【文本转换成表格】→设置【表格尺寸】等格式，如图 1-52 所示。

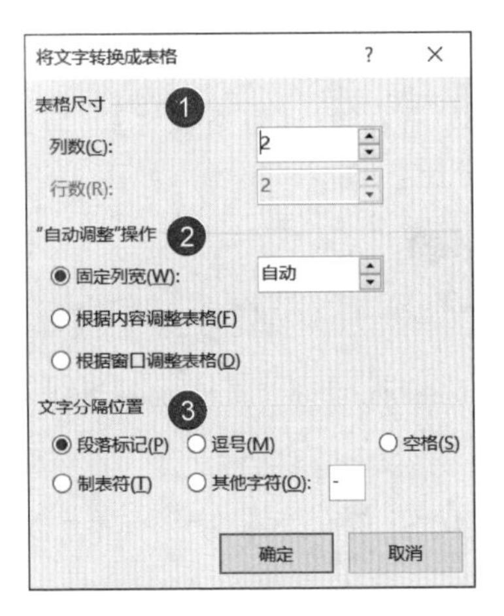

图 1-52　文本转换为表格

特别提醒：转换前打开显示编辑标记，查看分隔的符号是否一致，如果不一致先更改为一致再转换。

006.重复标题行

当表格内容较多时，在分页时表格会被自动分隔，分页后的表格就没有了标题行，查看表格时会非常不方便。重复标题行功能就可以使表格第 1 行标题在跨页时能够自动重复。

【重复标题行操作步骤】

选择需要重复的标题行→【表格工具/布局】→点击【重复标题行】，如图 1-53 所示。

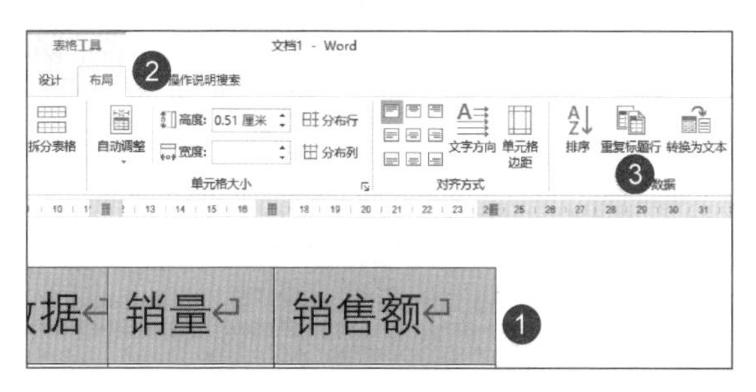

图 1-53　重复标题行

007.插入公式

在表格中进行简单的求和。

【插入公式操作步骤】

光标定位在要插入公式的地方→【表格工具/布局】选项卡→【公式】→输入公式，如图 1-54 所示。

图 1-54　插入公式

008.排序

题目要求：将表格按“反馈单号”从小到大的顺序排序。

【排序操作步骤】

鼠标选中要排序的表格的全部内容→【表格工具/布局】选项卡→【排序】→【主要关键字】选择“反馈单号”→排序类型选择【升序】（注意

是否有标题行),如图 1-55 所示。

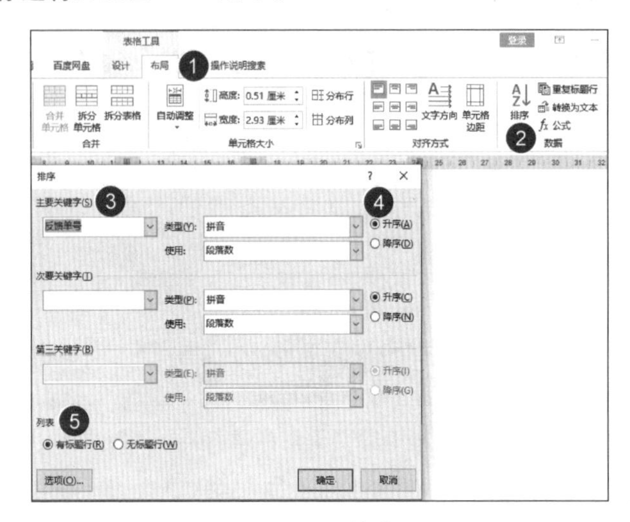

图 1-55 排序

10.图表考点　　难度系数★★★★☆

001.常规考点

柱形图、带数据标记的折线图、饼图、组合图表。

图表元素:坐标轴标题、图表标题、数据标签、图例、网格线、趋势线,如图 1-56 所示。

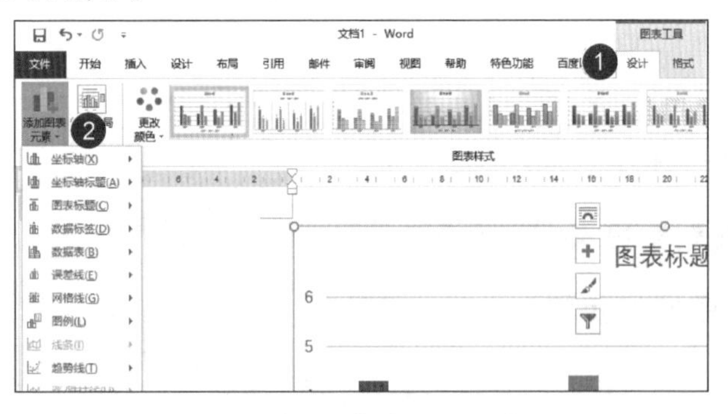

图 1-56 图表布局选项卡

设计选项卡：图表样式、切换行列、选择数据、编辑数据、更改图表类型，如图 1-57 所示。

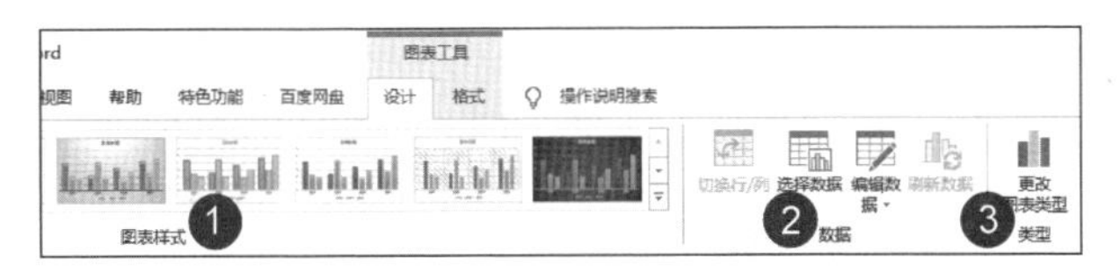

图 1-57　图表设计选项卡

002.创建图表

Word 中可以创建多种不同类型的图表，用来表示不同的数据之间的关系。

【创建图表的操作步骤】

光标定位在要插入图表的空白行→【插入】选项卡→单击【图表】→选择合适的图表类型，如图 1-58 所示。

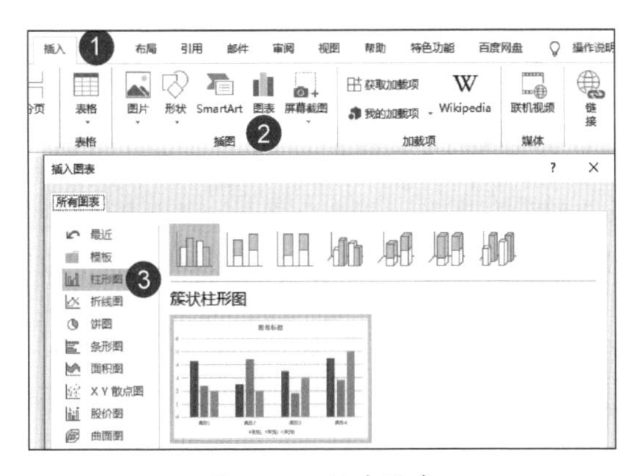

图 1-58　创建图表

003.修改图表数据

Word 插入图表后，图表数据源为默认数据，需要重新设置数据源。

【创建图表的操作步骤】

【图表工具/设计】选项卡→单击【编辑数据】按钮→在表格左上角的倒三角处粘贴数据→删除多余的行列，如图 1-59 所示。

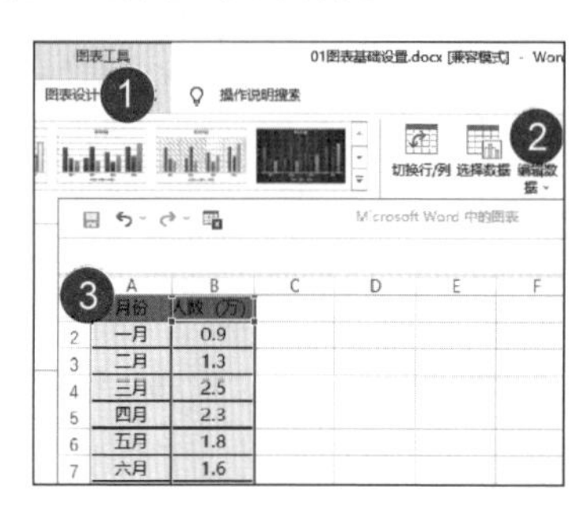

图 1-59　修改图表数据

特别提醒：选中多余列之后，单击右键删除。

004.添加图表标题

题目要求：为图表添加标题：微量元素含量(毫克)。

【添加图表标题操作步骤】

选中图表→【图表工具/设计】选项卡→选择【添加图表元素】→点击【图表标题】→选择合适的标题位置(如“图表上方”)，如图 1-60 所示。

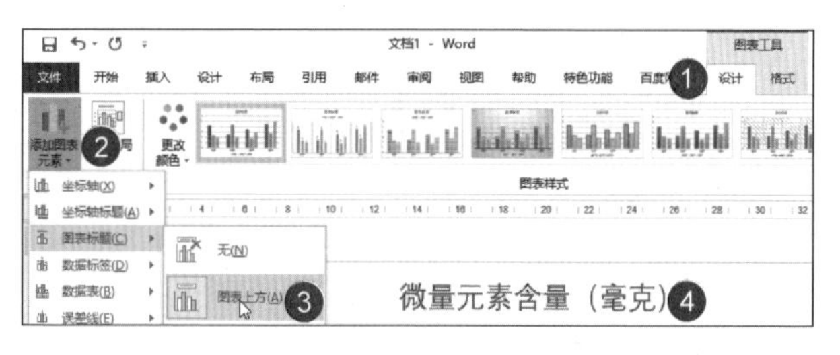

图 1-60　图表标题

005.添加图例

题目要求：将图例放置在图表右侧。

【添加图例操作步骤】

选中图表→【图表工具/设计】选项卡→选择【添加图表元素】→点击【图例】→选择合适的图例位置(如“在右侧显示图例”),如图 1-61 所示。

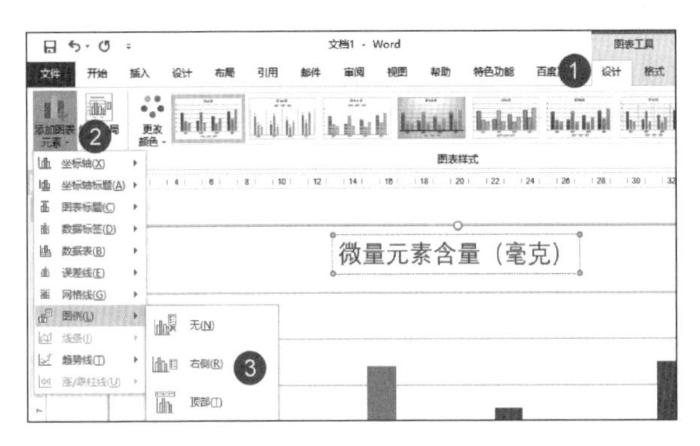

图 1-61　添加图例

006.设置坐标轴

坐标轴包括最大值、最小值、刻度值、对数刻度、主要刻度线类型、坐标轴标签等。

【更改坐标轴格式操作步骤】

选中坐标轴→右键【设置坐标轴格式】(或双击坐标轴)→【坐标轴选项】手动更改【最大值】、【最小值】等,如图 1-62 所示。

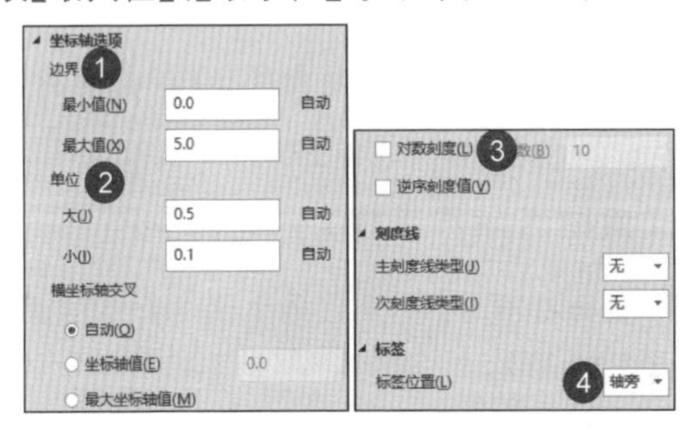

图 1-62　设置坐标轴选项

007.设置数据标签

数据标签能让饼图更加形象直观，除了默认的值以外，还可以设置系列名称、类别名称和百分比。

【添加数据标签操作步骤】

选中图表→【图表工具/设计】选项卡→选择【添加图表元素】→选择【数据标签】→选择【其他数据标签选项】→在右侧弹出的【设置数据标签格式】中设置相应的格式，如图 1-63 所示。

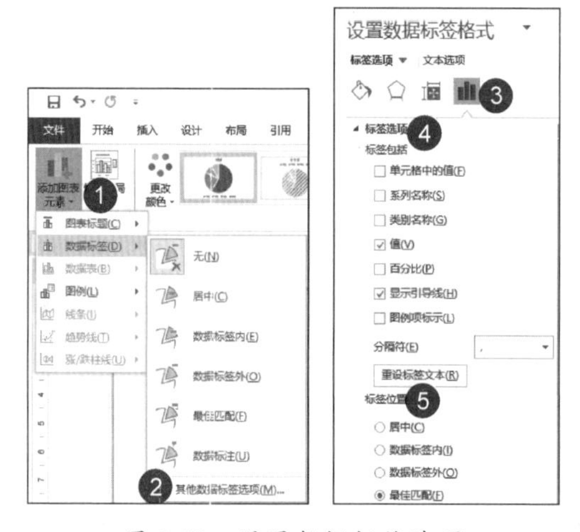

图 1-63　设置数据标签选项

008.插入复合条饼图

第二绘图区是“复合饼图”和“复合条饼图”特有的，其数目可以自行调整的。

【调整第二绘图区操作步骤】

选中图表→鼠标右键→【设置数据点格式】→在【第二绘图区中的值】输入值，如图 1-64 所示。

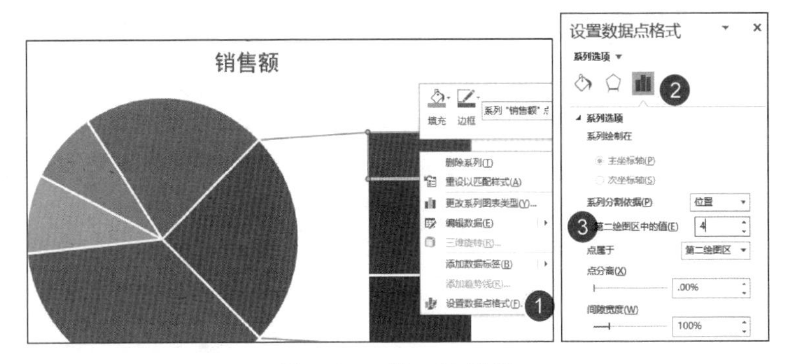

图 1-64　第二绘图区

009.插入组合图

若图表包含了两个或两个以上的数据系列，还可以为不同的数据系列设置不同类型的组合图表。

【组合图表操作步骤】

【插入】选项卡→点击【图表】按钮→选择【组合图】→【系列 2】选择【带数据标记的折线图】→勾选【次坐标轴】，如图 1-65 所示。

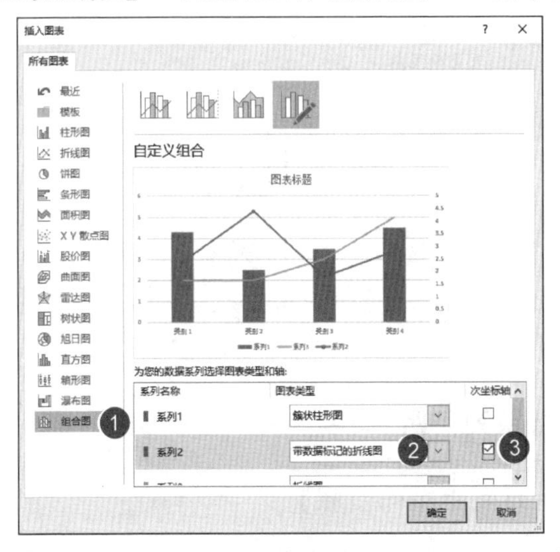

图 1-65　组合图

010.切换行列

横坐标和数据系列位置不对的时候就需要【切换行列】,如图 1-66 所示。

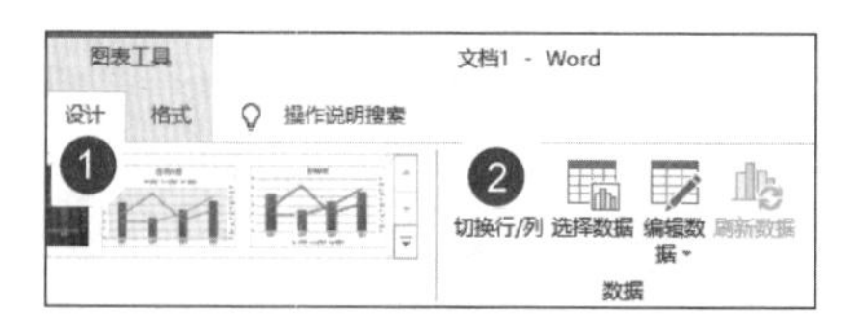

图 1-66 切换行列

特别提醒:如果切换行列是灰色的,可以点击【选择数据】按钮。

011.调整数据标记

对于带数据标记的折线图,还可以设置数据标记的样式、颜色等。

【修改数据标记操作步骤】

选中数据标记→鼠标右键→选择【设置数据系列格式】→【数据标记选项】选择【内置】→选择【类型】→【边框】修改颜色和标记线的宽度,如图 1-67 所示。

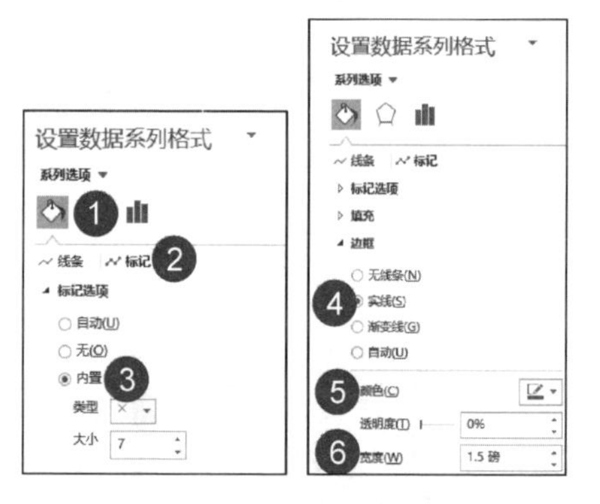

图 1-67 数据标记选项设置

012.设置系列间距

【设置系列间距操作步骤】

选中数据系列→鼠标右键→选择【设置数据系列格式】→【系列选项】

选择【间隙宽度】→输入“0”，即表示数据系列没有间距，如图 1-68 所示。

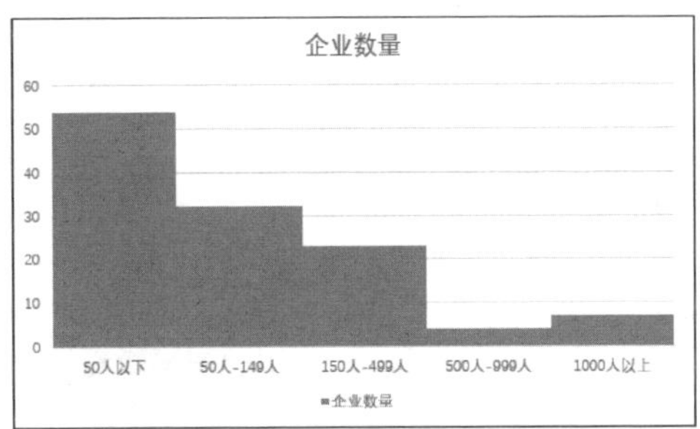

图 1-68　设置系列间距

013.三维饼图

饼图的三维格式、角度与样例一致(样例图参考电子素材资料)。

【三维饼图操作步骤】

选中图表→鼠标右键→选择【设置数据点格式】→设置【第一扇区起始角度】和【点分离】→点击【效果】→设置【三维格式】→【高度】输入最大值【1584】，如图 1-69 所示。

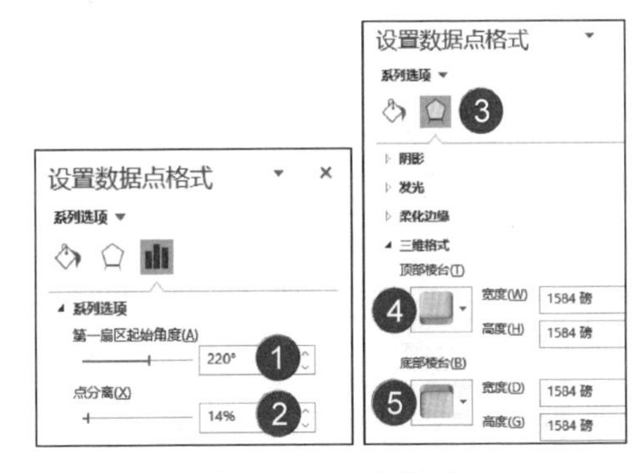

图 1-69　三维饼图

014.对数刻度

题目要求：修改纵坐标轴数据，最小值为 0.125，最大值为 256，刻度的公比为 2，横坐标轴交叉值为 0.125。

【对数刻度操作步骤】

选中纵坐标轴→鼠标右键→选择【设置坐标轴格式】→设置【最小值】、【最大值】→设置【坐标轴值】→设置对数刻度中的【底数为 2】，如图 1-70 所示。

图 1-70　对数刻度设置

11.超链接考点　　难度系数★☆☆☆☆

001.基础考点

链接到文件、链接到本文档中的位置、链接到网址、链接到电子邮件地址，如图 1-71 所示。

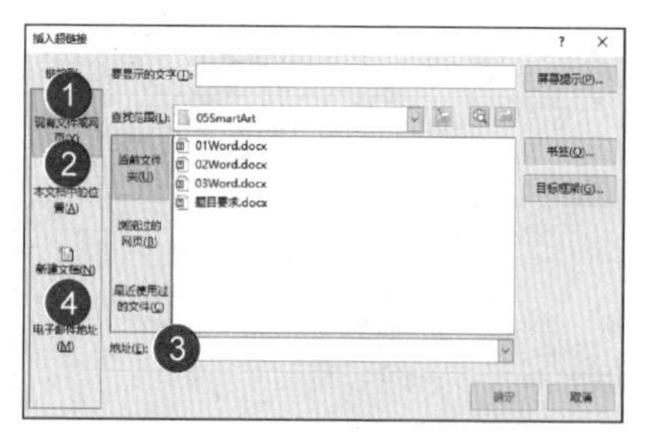

图 1-71　超链接常规考点

002.删除超链接

单击右键→选择【取消超链接】。
批量取消超链接:【Ctrl+Shift+F9】。

003.修改超链接访问前后颜色

题目要求:修改超链接的格式,使其访问前为标准紫色,访问后变为标准红色。

【更改超链接访问前后颜色操作步骤】

在【设计】选项卡【文档格式】组→点击【颜色】→【自定义颜色】→弹出的对话框中设置访问前后颜色,如图1-72所示。

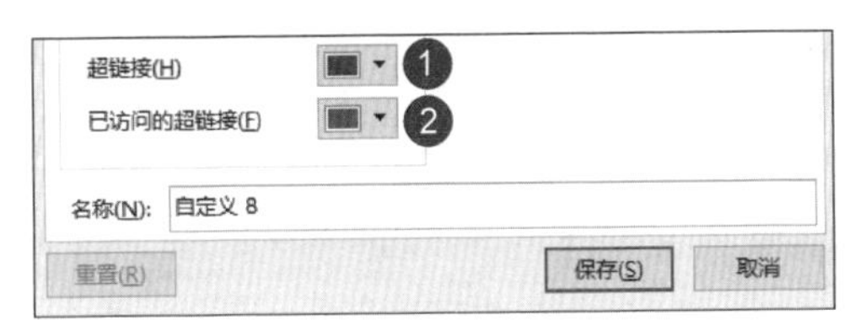

图1-72 更改超链接访问前后颜色

12.文本框考点 难度系数★★☆☆☆

001.常规考点

插入文本框模板、手动绘制文本框、对齐方式、环绕文字。

002.插入内置文本框

Word提供了许多内置的文本框模板,使用这些模板可以快速创建特定样式的文本框。
题目要求:插入“边线型提要栏”的文本框。

【插入文本框操作步骤】

光标定位在要插入文本框的位置→【插入】选项卡→选择【文本框】→选择【边线型提要栏】,如图1-73所示。

图 1-73　插入文本框

003.形状轮廓

题目要求:设置文本框的形状轮廓为无。

【形状轮廓操作步骤】

选中文本框→【绘图工具/格式】选项卡→【形状轮廓】→【无轮廓】,如图 1-74 所示。

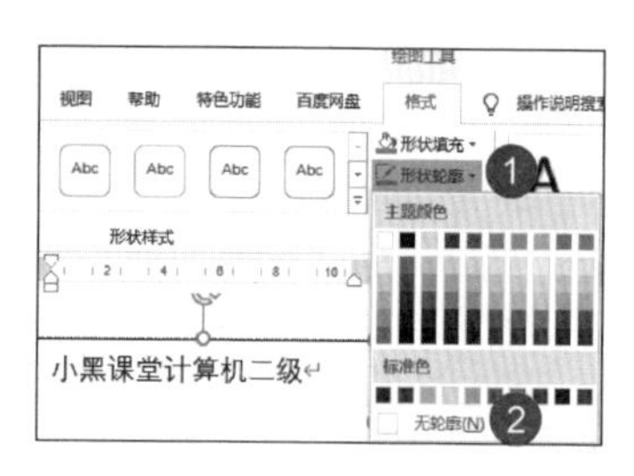

图 1-74　形状轮廓

004.内部边距

题目要求:设置文本框内部边距分别为左右各 1 厘米、上 0.5 厘米、下 0.2 厘米。

【调整内部间距操作步骤】

选中文本框→单击鼠标右键选择【设置形状格式】→选择【布局属

性】→【文本框】组输入内部边距，如图 1-75 所示。

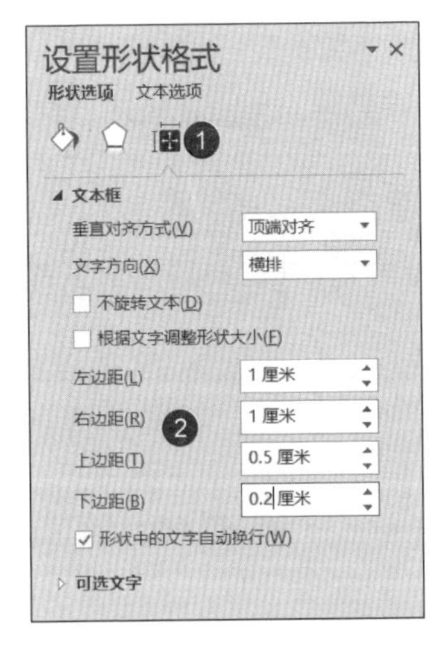

图 1-75　内部边距

005.文本框环绕方式

题目要求：设置文本框的环绕方式为四周型。

【文本框环绕方式操作步骤】

选中文本框→【绘图工具/格式】选项卡→【环绕文字】设置为【四周型】，如图 1-76 所示。

图 1-76　文本框环绕方式

特别提醒：考试中还喜欢考查【上下型环绕】。

006.锁定标记

题目要求：将文本框始终与图片锁定在一起。

【锁定标记操作步骤】

选中文本框→鼠标右键【其他布局选项】→【位置】→勾选【锁定标记】，如图 1-77 所示。

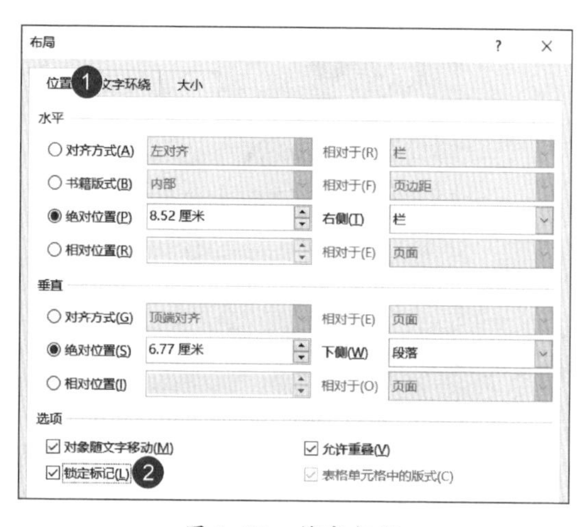

图 1-77　锁定标记

13.文档部件考点　　难度系数★★☆☆☆

文档部件实际上就是对某一段指定文档内容的封装手段，也可以单纯地将其理解为这段文档内容的保存和重复使用。（考频：6 次）

001.常规考点

文档属性、域、文档部件库。

002.文档属性

题目要求：插入文档属性中的作者信息。

【文档属性操作步骤】

【插入】选项卡→点击【文档部件】→选择【文档属性】→选择作者属性，如图1-78所示。

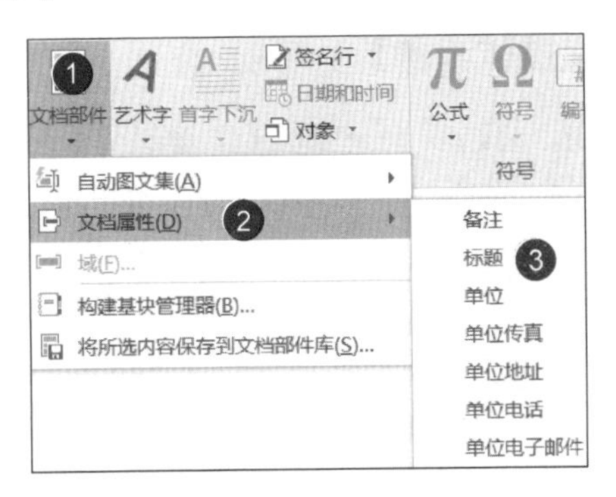

图1-78　文档属性

003.文档部件中的电话信息

题目要求：在请柬页脚的右侧位置插入公司的联系电话，该电话已被定义为文档属性“Tel”。

【文档部件中的电话信息操作步骤】

光标定位在页脚处→【插入】选项卡→点击【文档部件】→选择【域】→域名选择【DocProperty】→属性选择【Tel】→点击【确定】按钮，如图1-79所示。

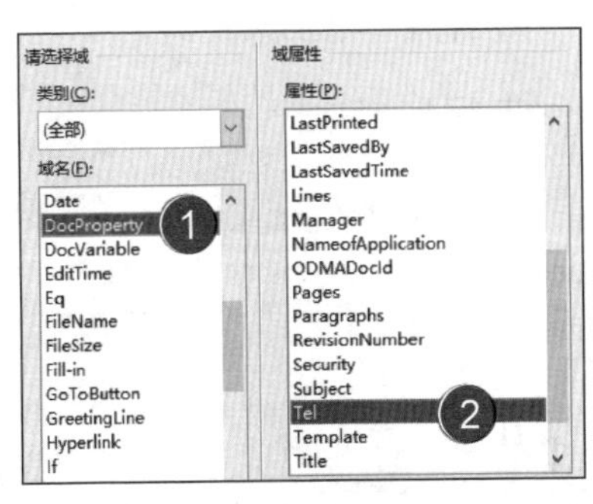

图1-79　文档部件中的电话信息

004.文档部件库

题目要求：将文档中的表格内容保存至“表格”部件库，并将其命名为“会议议程”。

【文档部件库操作步骤】

选中表格→【插入】选项卡→点击【文档部件】→选择【将所选内容保存到文档部件库】→输入文档部件的名称，如图 1-80 所示。

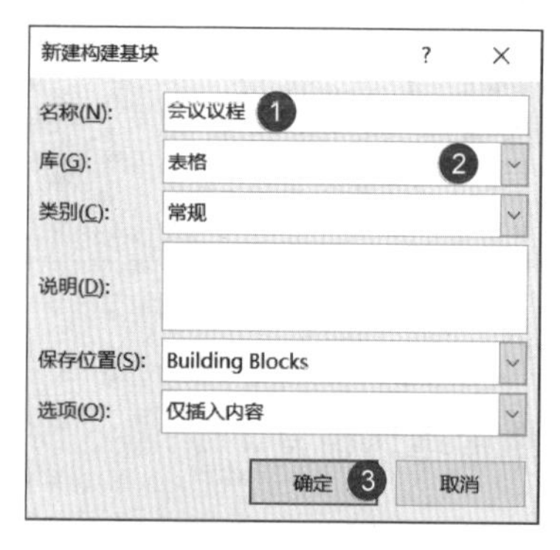

图 1-80　文档部件库

特别提醒：输入名称按【F3】可以快速调用。

14.插入文本考点　　难度系数★★★☆☆

001.首字下沉

下沉位置、字体、下沉行数、距正文距离。

【首字下沉操作步骤】

光标定位到要下沉的段落文本→【插入】选项卡→点击【首字下沉】，如图 1-81 所示。

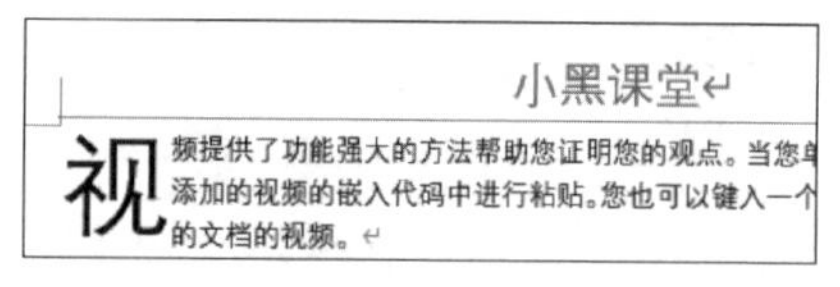

图 1-81　首字下沉考点

002.插入对象

题目要求：在标题段落“附件 1：国家重点支持的高新技术领域”的下方插入以图标方式显示的文档“附件 1 高新技术领域.docx”，双击该图标应能打开相应的文档进行阅读。

【插入对象操作步骤】

光标定位在标题下方→【插入】选项卡→【对象】→【由文件创建】→点击【浏览】→选择目标文件→勾选【显示为图标】，如图 1-82 所示。

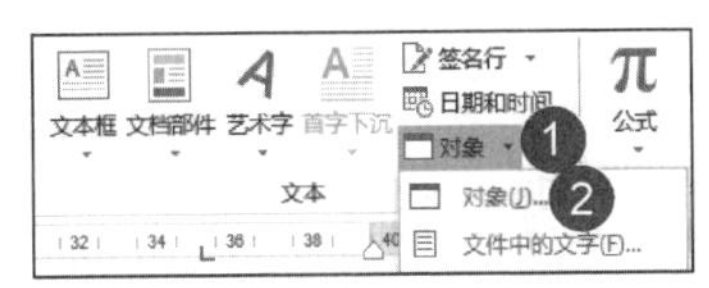

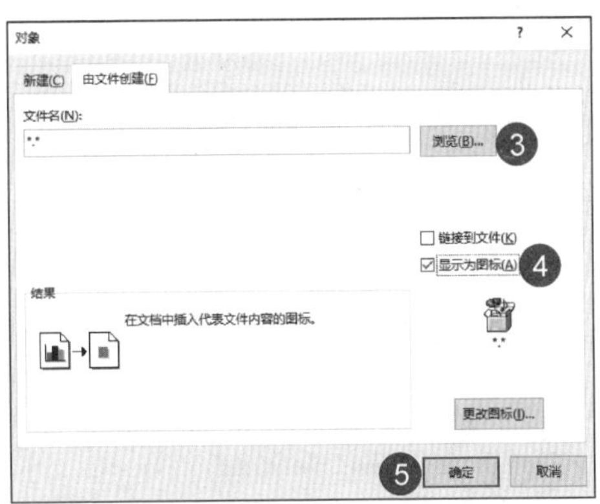

图 1-82　插入对象

003.修改对象图标题注

题目要求：修改图标的说明文字为“管理办法”。

【修改对象题注操作步骤】

完成上述 002 操作后，点击【更改图标】→设置【题注】，如图 1-83 所示。

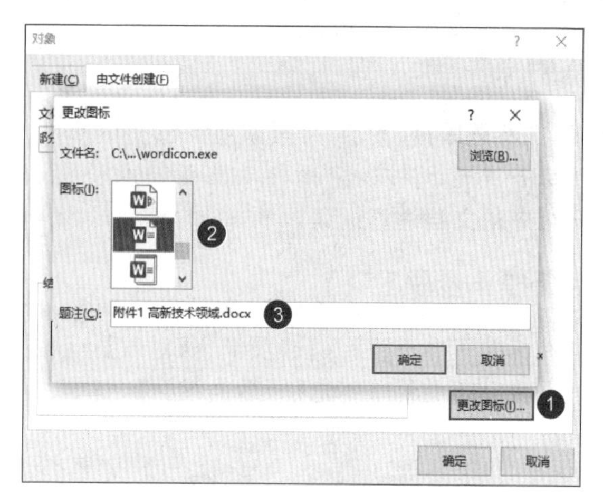

图 1-83 修改题注名称

004.插入日期和时间

题目要求:在文档中插入可以自动更新的日期时间。

【插入日期和时间操作步骤】

【插入】选项卡→【日期和时间】→【语言】选择“中文(中国)”→选择一种可用格式→勾选【自动更新】,如图 1-84 所示。

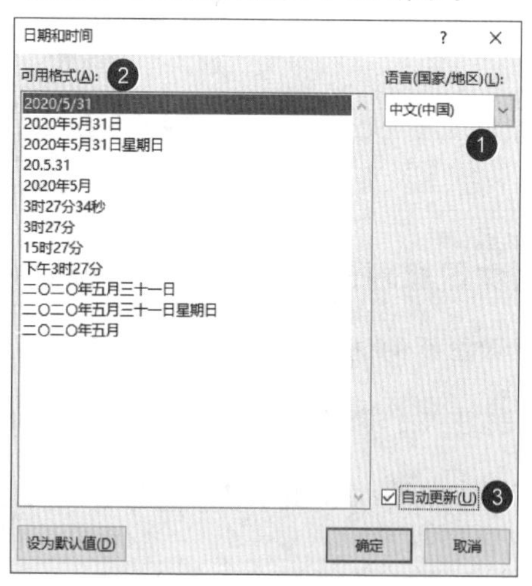

图 1-84 插入日期时间

005.插入公式

考点：考试中如何快速输入公式。

【插入公式操作步骤】

插入公式时，先构建大框架，可以复制粘贴文本中的公式，再进行修改，如图 1-85 所示。

$$R=P_0\cdot I\cdot\frac{(1+I)^{n\cdot 12-1}}{(1+I)^{n\cdot 12-1}-1}+(P-P_0)\cdot I$$

图 1-85　插入公式

006.插入符号

基本考点：特殊符号所在位置的字体、子集。
题目要求：在获奖经历前插入五角星。

【插入五角星操作步骤】

光标定位在要插入符号的位置→【插入】选项卡→点击【符号】的下拉箭头→选择【其他符号】→字体改为【Wingdings】→找到五角星→单击【插入】即可，如图 1-86 所示。

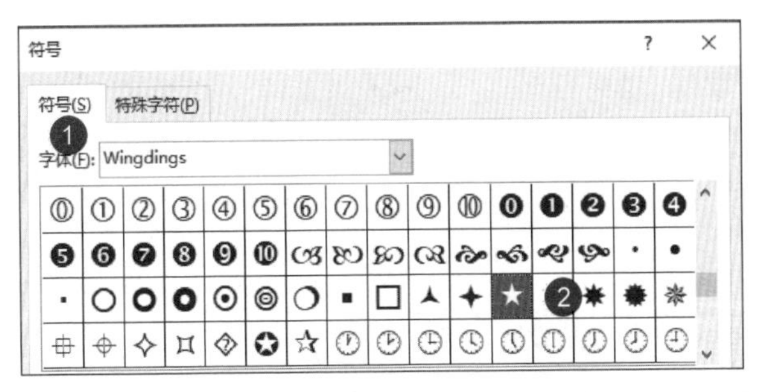

图 1-86　插入五角星

考试中还有考到过一些其他符号，具体如下：
|（字体选择：（普通文本），子集里选择基本拉丁语）；

ü(字体选择:(普通文本),子集里选择拉丁语一1 增补)。

15.页眉页脚考点　　难度系数★★★★★

页眉页脚可以为页面提供丰富且有效的导航信息。在二级考试中页眉页脚是常考的点,需要重点掌握。(考频:21 次)

001.插入统一的页眉页脚

【插入统一页眉页脚操作步骤】

【插入】选项卡→【页眉和页脚】组→点击【页眉】/【页脚】选择对应的内置样式(或直接双击页面顶端/底端→直接进入页眉页脚编辑状态)。

002.插入空白三栏型的页眉

【插入空白三栏型的页眉操作步骤】

【插入】选项卡→【页眉和页脚】组→选择【空白(三栏)】,如图 1-87 所示。

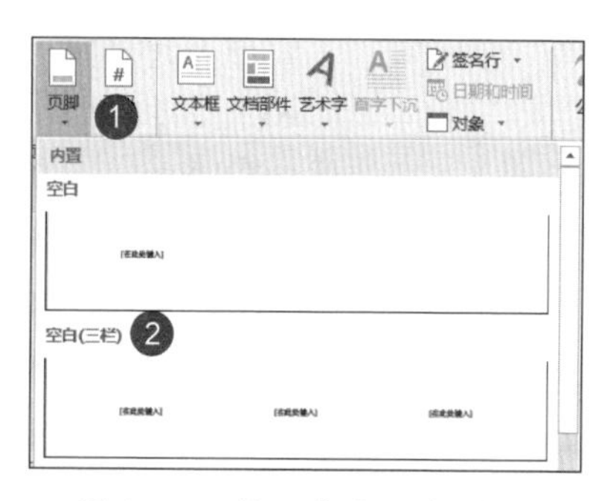

图 1-87　插入空白三栏页眉

003.为页眉添加特殊内容

页眉上的内容不仅可以添加文字,还可以添加 logo、添加/删除其下方的横线、添加文档部件中的域等。

① 添加/删除横线

题目要求:将页眉下方的分隔线设为标准红色、2.25 磅、上宽下细的双线型。

【自定义页眉横线操作步骤】

选中页眉上方的所有内容(包括段落标记)→点击【段落】组→【边框和底纹】→点击【自定义】→分别设置线型、颜色、宽度→右边【预览窗格】设置横线位置,如图 1-88 所示。

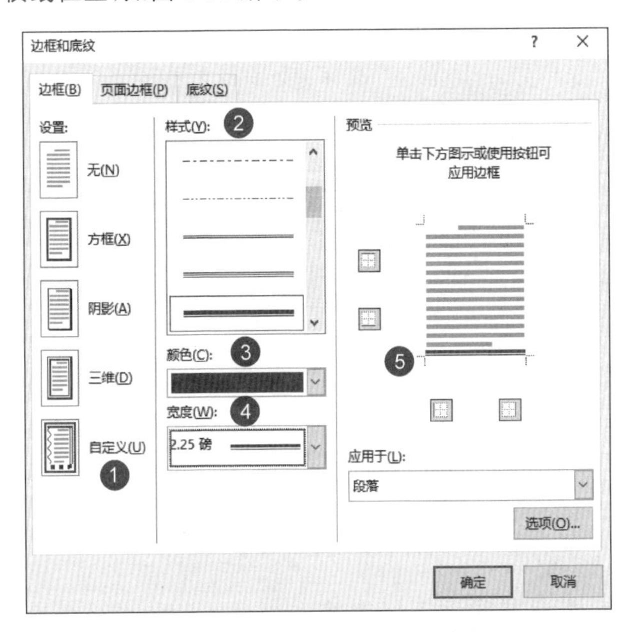

图 1-88　自定义页眉下方横线

删除页眉横线:直接选中页眉中的所有内容设置边框为无框线。

② 自动页眉

题目要求:在页眉的右侧区域自动填写该页中“报告标题 1”样式所示的标题文字。

【自动页眉操作步骤】

打开页眉→【文档部件】→【域】→选择【链接和引用】→【StyleRef】→【样式名】处选择对应的样式(一般情况下选择“报告标题 1”),如图 1-89所示。

特别提醒:需要插入章节号则再次插入域,勾选插入段落编号。

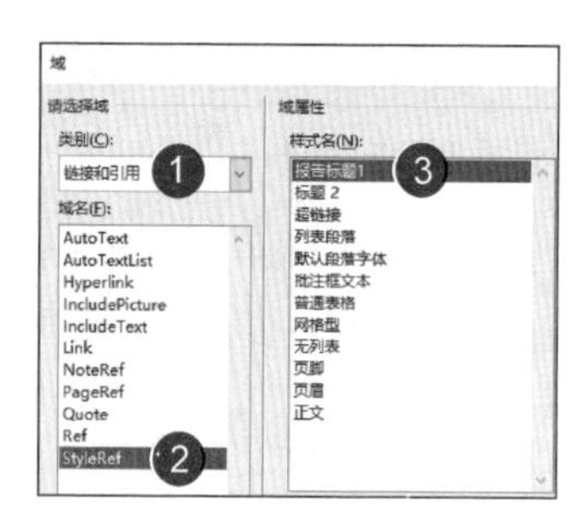

图 1-89 随标题更新的页眉

004.奇偶页不同

在书籍编排过程中，由于装订问题，在给文档设置页眉页脚时，通常奇数页和偶数页的对齐方式是不一样的。

特别提醒：勾选奇偶页不同后，偶数页内容会自动消失，在偶数页重新插入对应内容即可，如图 1-90 所示。

图 1-90 奇偶页不同

005.不同章节显示不同内容

此处页眉的核心操作思路：先分节，再取消链接，最后再修改。

此处页码的核心操作思路：先插入页码，再设置页码格式。

【设置不同页眉页脚操作步骤】

先将文档进行分节：【布局】选项卡→点击【分隔符】→【下一页】

分节后光标定位在新节的页眉页脚处→取消【链接到前一节】→输入内容，如图 1-91 所示。

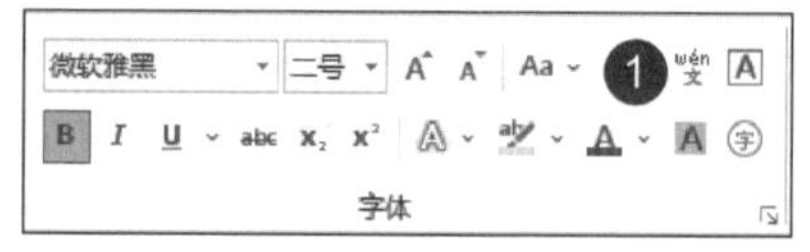

图 1-91 不同页面设置不同页眉页脚

特别提醒:题目如果要求每一章都从奇数页开始,选择插入【奇数页分节符】。

006.页码

题目要求:在页脚插入显示为1,2,3……的页码。

【插入页码操作步骤】

打开页眉页脚→【页眉和页脚】组点击【页码】→选择页码的位置→【设置页码格式】(编号格式、页码编号),如图1-92所示。

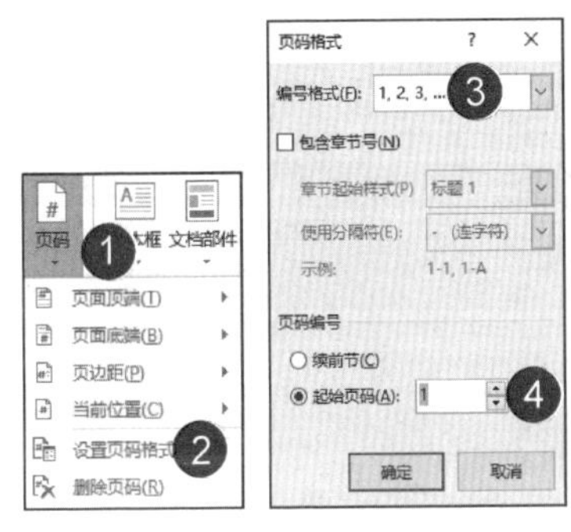

图1-92 设置页码格式

007.编辑页码代码

题目要求:目录页码不计入总页数。

【编辑页码代码操作步骤】

插入页码后→选中页码按快捷键【Shift+F9】→剪切总页数的域代码→【Ctrl+F9】插入域→输入“=”粘贴域代码→紧接着输入“-1”,如图1-93所示。

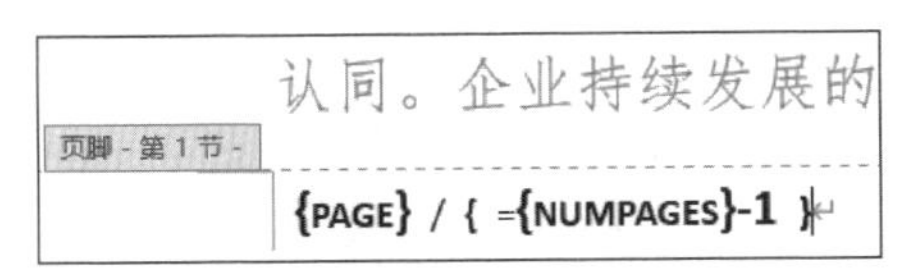

图1-93 编辑页码代码

008.综合版页眉页脚解题步骤

在二级考试中，经常遇到奇偶页不同、首页不同、分节等综合考查。这里给大家列举这一类型的题目的解题步骤。

【综合版页眉页脚解题步骤】

① 先考虑是否要【分节】。

② 考虑是否要勾选【首页不同】、【奇偶页不同】(注意：首页不同勾选后只针对当前节，而奇偶页不同勾选后针对整篇文档)。

③ 考虑是否取消【链接到前一节】

④ 设置页眉、设置页码格式、起始页码

16.设计选项卡考点 难度系数★☆☆☆☆

001.主题

【主题操作步骤】

【设计】选项卡→【主题】下拉按钮→选择合适的主题，如图 1-94 所示。

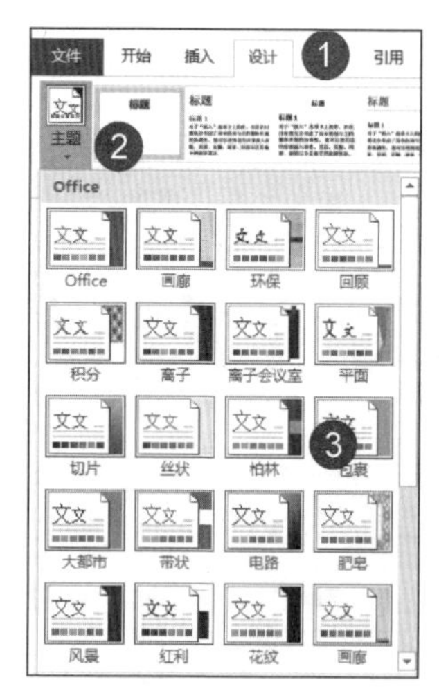

图 1-94 主题

002.文档格式

【文档格式操作步骤】

【设计】选项卡→【文档格式】组→选择文档格式，如图1-95所示。

图1-95　文档格式

17.页面背景考点　　难度系数★★☆☆☆

001.水印

水印分为文字水印和图片水印，水印在文档中可以直接打印。

文字水印：【设计】选项卡→【水印】→【自定义水印】→【文字水印】→对文字水印的文字、字体、字号、颜色、版式、是否半透明等进行设置，如图1-96所示。

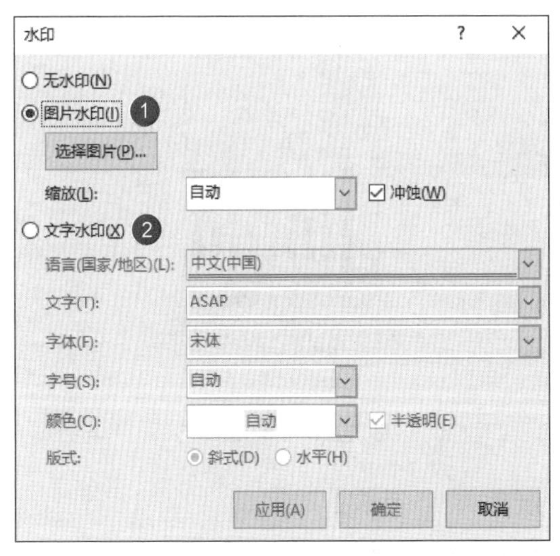

图1-96　插入水印

图片水印:【设计】选项卡→【水印】→【自定义水印】→【图片水印】→选择图片→选择题目要求的图片→是否勾选冲蚀,如图 1-96 所示。

特别提醒:

1.只有在页眉页脚编辑状态下,才可选中水印调整大小和位置。

2.若插入【图片水印】需使用图片原始大小,水印对话框中缩放选择【100%】。

002.奇数页水印

题目要求:只对奇数页添加水印,偶数页不添加水印。

【奇数页水印操作步骤】

设置好水印以后→打开页眉页脚编辑状态→勾选【奇偶页不同】→选中偶数页水印→直接删除。

003.页面颜色,打印背景色

题目要求:为文档添加恰当的页面颜色,并设置打印时可以显示。

【添加页面颜色操作步骤】

【设计】选项卡→【页面颜色】下拉按钮→选择一种合适的颜色,如图 1-97 所示。

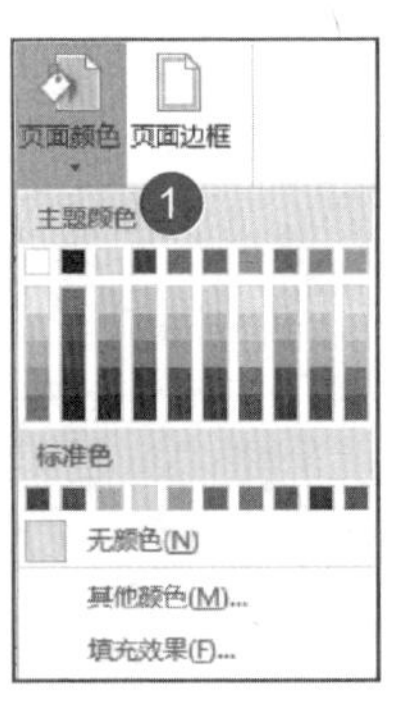

图 1-97　页面颜色

【打印背景色操作步骤】

【文件】选项卡→【选项】→【显示】→勾选【打印背景色和图像】,如图 1-98 所示。

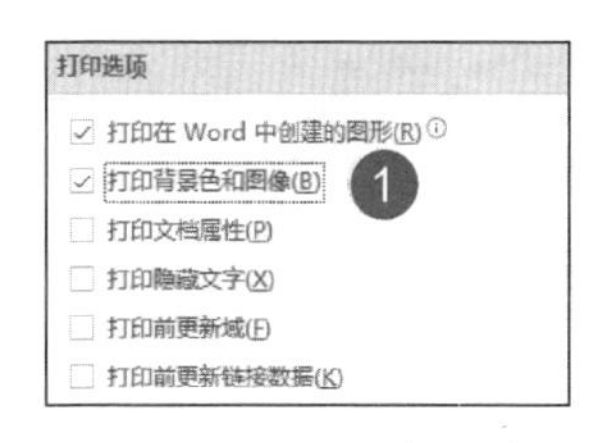

图 1-98　打印背景色

004.纹理填充页面

题目要求:为整个文档添加“羊皮纸”纹理背景。

【纹理填充页面操作步骤】

【设计】选项卡→【页面颜色】下拉按钮→【填充效果】→【纹理】填充→选择【羊皮纸】,如图 1-99 所示。

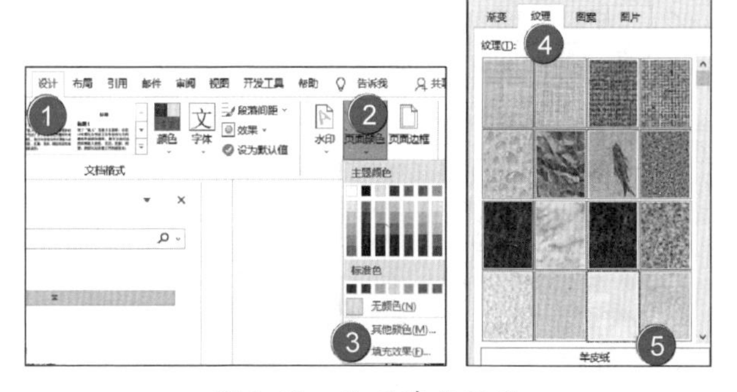

图 1-99　纹理填充页面

005.图片填充页面

题目要求:将考生文件夹下的图片“背景图片.jpg”设置为邀请函背景。

【图片填充页面操作步骤】

【设计】选项卡→【页面颜色】下拉按钮→【填充效果】→【图片】→【选择图片】→找到图片所在的位置→选中图片→【插入】,如图 1-100 所示。

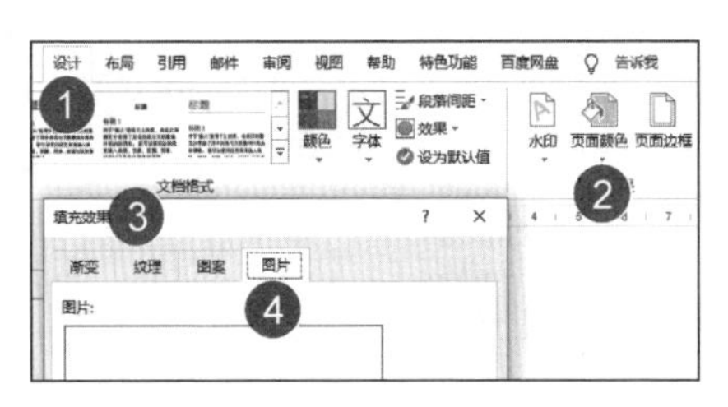

图 1-100　图片填充页面

006.页面边框

题目要求:给文档设置"阴影"型页面边框。

【设置页面边框操作步骤】

【设计】选项卡→【页面边框】→选择【阴影】型边框,如图 1-101 所示。

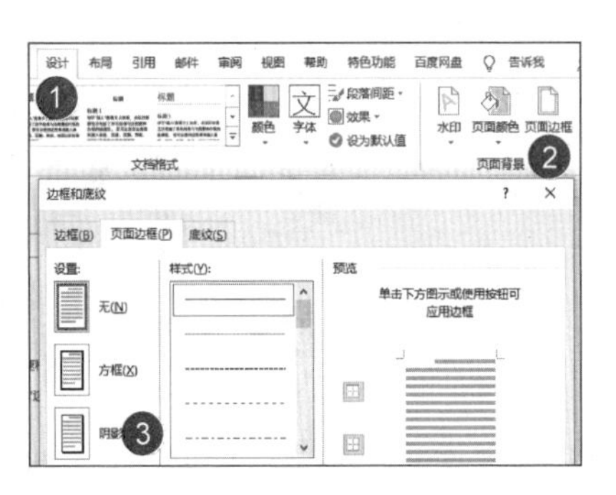

图 1-101　页面边框

18.页面设置考点　　难度系数★☆☆☆☆

页面设置知识难度低,但是考试出现概率很高。(考频:22 次)

001.基础考点

页边距考点:上下左右边距、装订线、装订线位置、纸张方向,如图 1-102 所示。

纸张大小考点:指定纸张大小、自定义纸张大小。

特别提醒:若纸张大小中没有 B5,点击文件选项卡的打印按钮切换打印机。

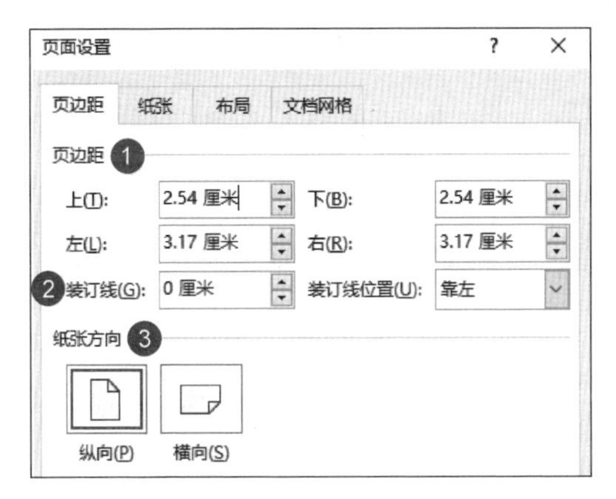

图 1-102　页边距基础考点

文档网格考点：文档网格，每页行数，如图 1-103 所示。

图 1-103　文档网格考点

002.设置页边距

题目要求：页面设置为对称页边距，内侧边距 2.5 厘米、外侧边距 2 厘米。

【设置对称页边距操作步骤】

【布局】选项卡→【页面设置】→【页边距】→【多页】→【对称页边距】→设置对应内外侧边距，如图 1-104 所示。

图 1-104 设置对称页边距

特别提醒：

1.先设置对称页边距，再设置内外边距。

2.若要求每张纸上从左到右按顺序打印两页内容，则应该在多页里选择拼页。

003.页眉页脚距边界

题目要求：设置页眉页脚距边界均为 1.0 厘米。

【页眉页脚距边界操作步骤】

【布局】选项卡→【页面设置】对话框→【布局】→【页眉和页脚】→【距边界】，如图 1-105 所示。

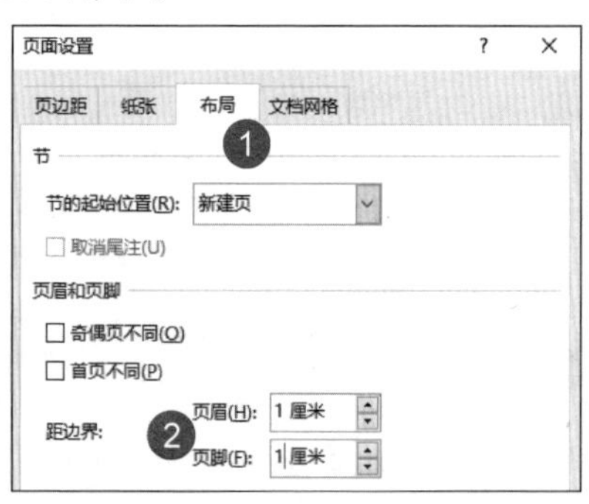

图 1-105 页眉页脚距边界

004.分栏常规考点

栏数、分隔线、宽度、间距，如图 1-106 所示。

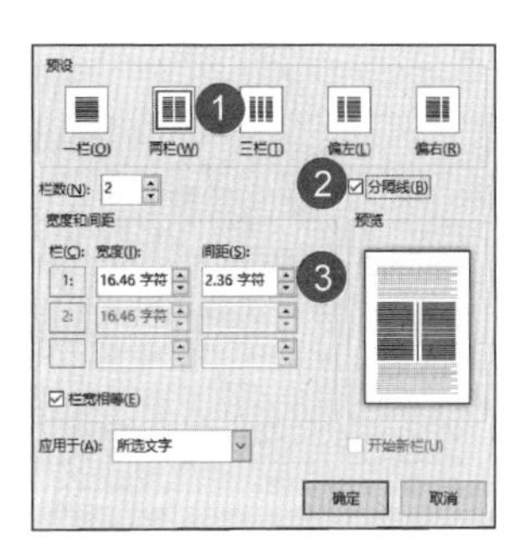

图 1-106　分栏常规考点

特别提醒：如要求正文内容分两栏显示，文中图表表格仍需跨栏居中，先将全文分为两栏，再选中图表表格将其分为一栏。

005.分栏符

题目要求：设置页面为两栏，要求左右两栏内容不跨栏、不跨页。

【分栏符操作步骤】

先在需要分栏位置的开始和结尾处插入分栏符：【布局】选项卡→【分隔符】→【分栏符】，如图 1-107 所示。

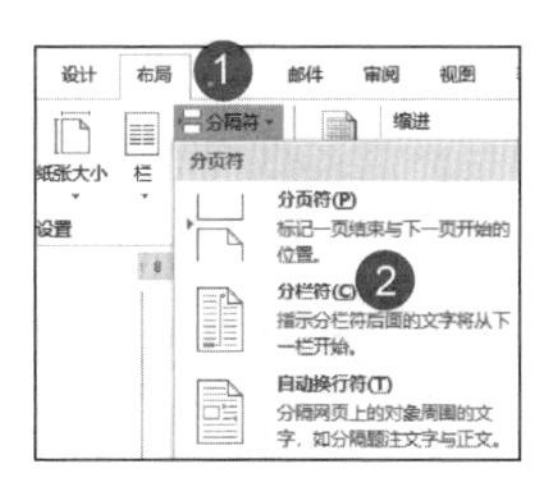

图 1-107　分栏内容从新一栏开始

006.分栏典型例题

题目要求：为标题“关于误解”按要求分栏，栏数为三栏，并且使用分隔线，每个标题 2 及其所属内容位于独立的栏中。

【分栏典型例题操作步骤】

【布局】选项卡→点击【栏】→选择【更多栏】→栏数【3】→勾选【分隔线】→光标定位在标题二之前→分隔符选择【分栏符】,如图 1-108 所示。

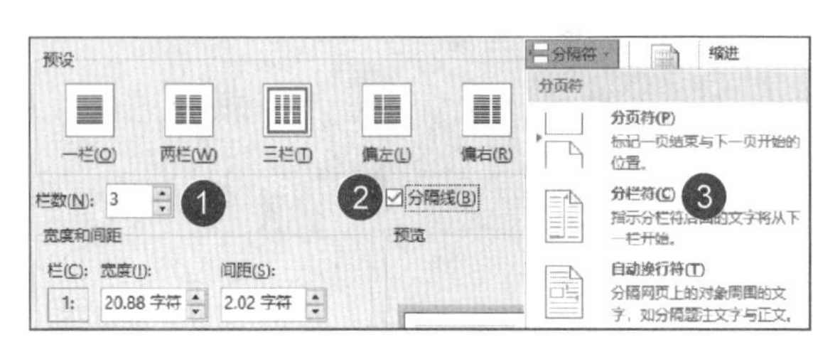

图 1-108 分栏例题

007.最后一页内容平均分栏

题目要求:最后一页内容无论多少均应平均分为两栏排列。

【操作步骤】

选择分栏内容时,不选最后一个段落标记,即可进行左右均分。

008.分隔符考核知识点

分隔符最常见的是结合页眉页脚一起考核。(考频:6 次)
分页符、分栏符、下一页、奇数页、偶数页,如图 1-109 所示。

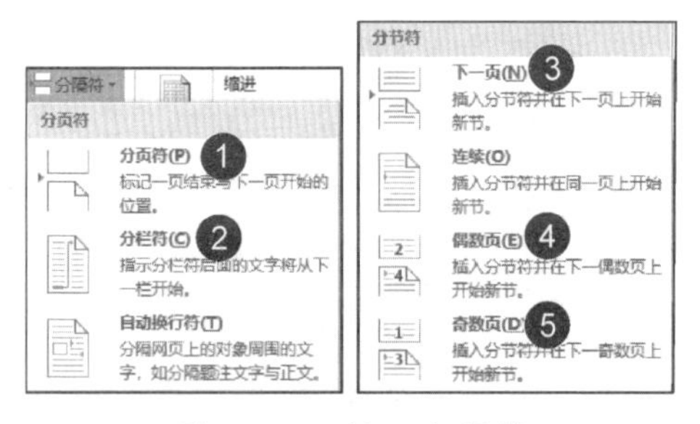

图 1-109 插入分隔符

009.设置不同纸张方向

题目要求:将表格所在页面的纸张方向设为横向,其他页面是纵向。

【设置不同纸张方向操作步骤】

先在表格所在的页的开始和结尾处插入分节符:【布局】选项卡→【分隔符】→【下一页】→再把光标定位在需要调整的页面→【布局】选项卡→【纸张方向】→横向,如图 1-110 所示。

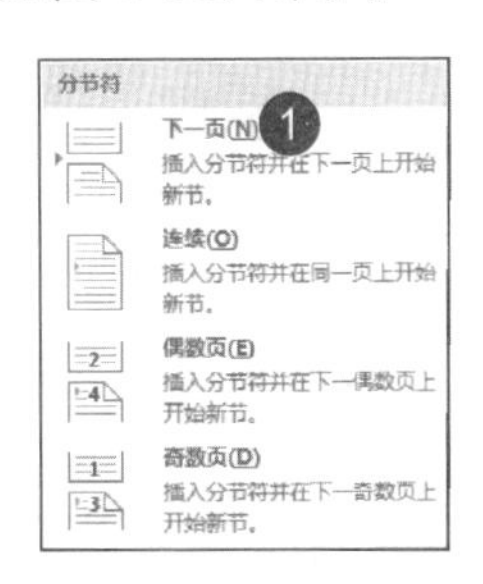

图 1-110　设置不同的纸张方向

010.取消文档行号

【取消文档行号操作步骤】

【布局】选项卡→点击【行号】按钮→选择【无】,如图 1-111 所示。

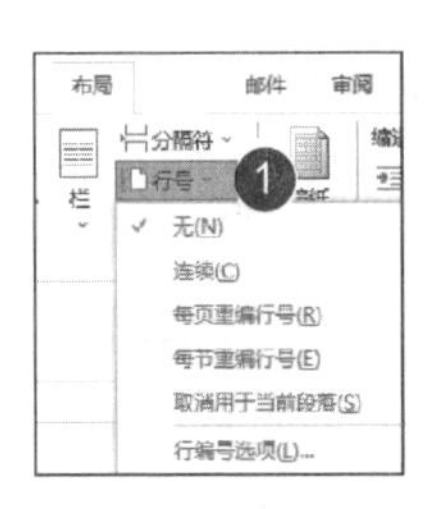

图 1-111　取消文档行号

19.目录考点　　难度系数★★★☆☆

001.自动目录

题目要求:在书稿的最前面插入目录,要求包含标题第 1—3 级及对应页号。

【自动目录操作步骤】

光标定位在要插入目录的位置→【引用】选项卡→目录下拉按钮→

【自动目录 1】,如图 1-112 所示。

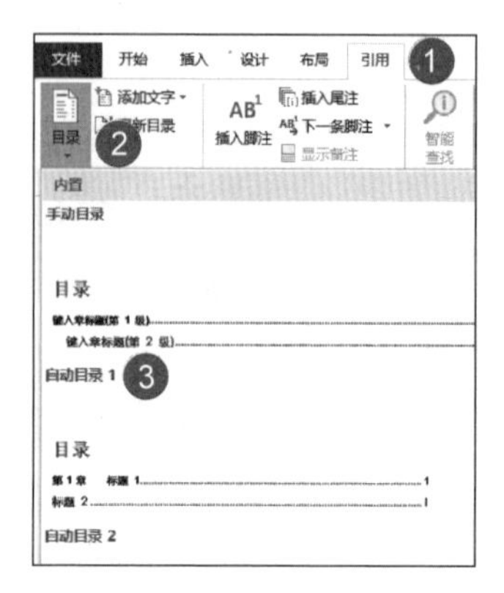

图 1-112 自动目录

特别提醒:目录来自于大纲级别,需先设置大纲级别才能插入目录。

002.自定义目录

目录可以自定义选择是否显示页码,页码对齐方式以及格式。

题目要求:在“目录”节中插入“流行”格式的目录。

【自定义目录操作步骤】

【引用】选项卡→【目录】→【自定义目录】→格式改为【流行】,如图 1-113 所示。

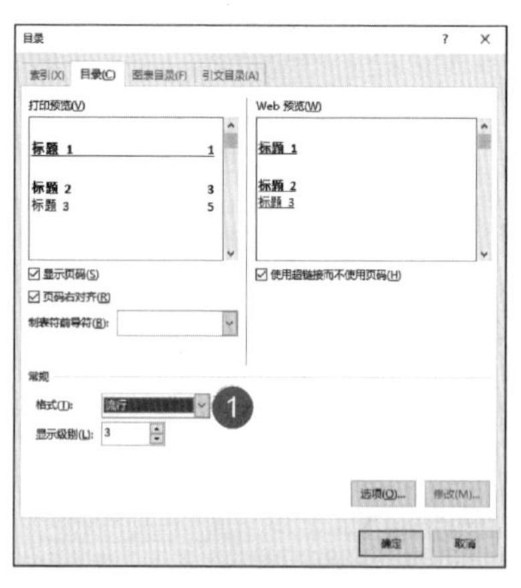

图 1-113 自定义目录

003.修改目录级别

题目要求:在文档的开始位置插入只显示2级和3级标题的目录。

【修改目录级别操作步骤】

将光标定位在需要插入目录的位置→【引用】→【目录】→【自定义目录】→【选项】→把不需要的样式级别后的数字删掉,如图1-114所示。

图1-114　修改目录级别

004.更新目录

【更新目录操作步骤】

光标放在目录处→单击右键→【更新域】→【更新整个目录】,如图1-115所示。

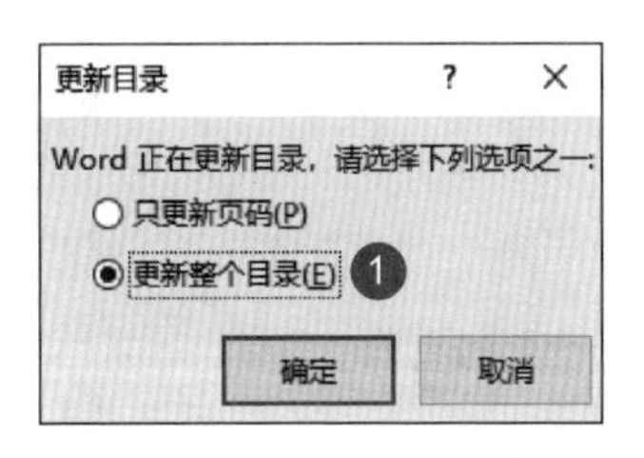

图1-115　更新目录

005.取消目录超链接

题目要求:取消目录超链接,将目录转换为不含链接的普通文本。

【取消目录超链接操作步骤】

【引用】选项卡→点击【目录】按钮→选择【自定义目录】→取消勾选【使用超链接而不使用页码】,如图 1-116 所示。

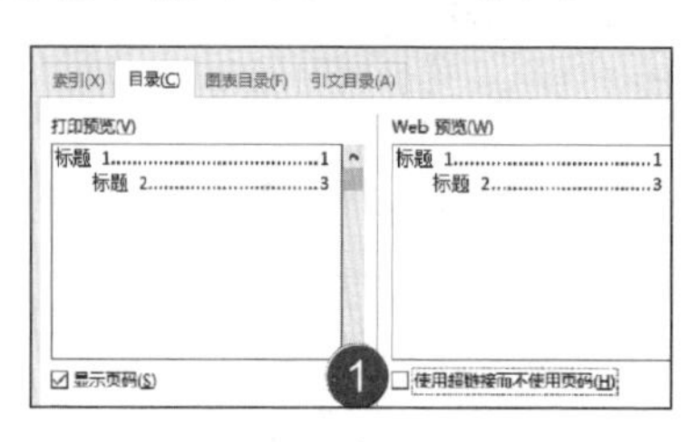

图 1-116　取消目录超链接

20.脚注尾注考点　　难度系数★★★☆☆

001.插入脚注

题目要求:在“统计局队政府网站"后添加脚注,内容为 http://www.bjstats.gov.cn。

【插入脚注操作步骤】

将光标定位到要插入脚注的内容右侧→【引用】选项卡→【脚注】组→【插入脚注】→光标会自动定位到页面底部→输入说明性文字,如图 1-117 所示。

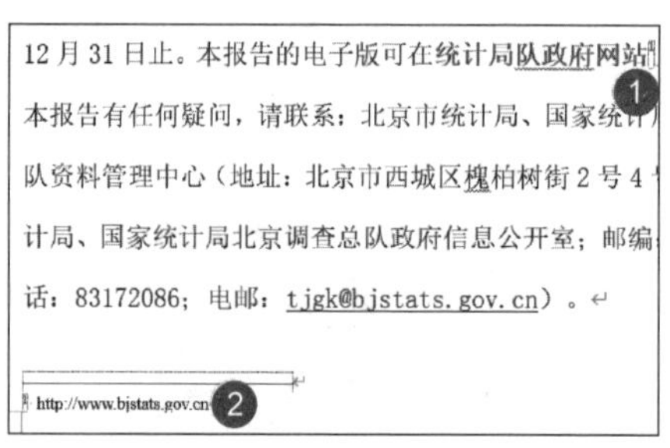

图 1-117　插入脚注

002.设置脚注编号

例如:为“手机上网比例首超传统 PC”添加脚注,脚注位于页面底部，编号格式为①、②……

【设置脚注编号操作步骤】

选中文字→【引用】选项卡→打开【脚注】组右下角对话框按钮→设置脚注位置为页面底端→【编号格式】选择“①②③……”类型→【插入】，如图1-118所示。

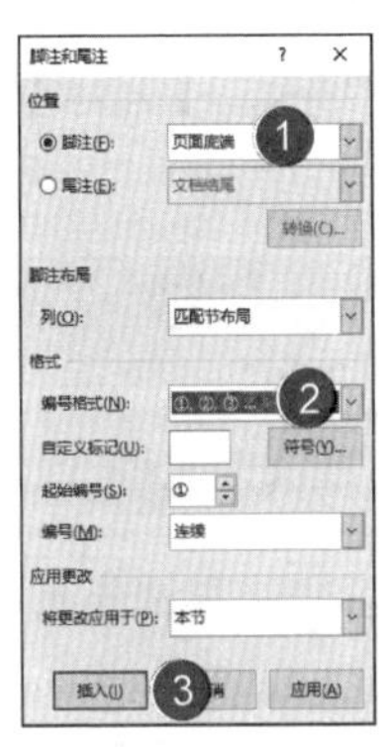

图1-118　设置脚注编号

特别提醒：脚注位置有文字下方、页面下方，尾注位置有节的结尾、文档结尾，做题时要注意题目要求，将脚注尾注放置在正确位置。

003.脚注转换成尾注

【脚注转换成尾注操作步骤】

【引用】选项卡→打开【脚注】组右下角对话框按钮→【转换】→选择合适的转换方式，如图1-119所示。

图1-119　脚注转换成尾注

004.设置尾注编号格式

题目要求：尾注编号在文档正文中使用上标样式，并为其添加“[]”，如“[1]、[2]、[3]……”。

【设置尾注编号格式操作步骤】

选中正文中的一个尾注编号→【开始】选项卡→【选择】→【选定所有格式类似的文本】→【上标】，如图 1-120 所示。

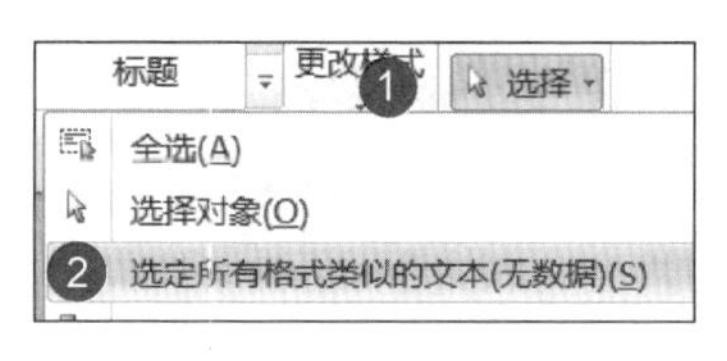

图 1-120　设置尾注编号格式

【修改尾注编号格式操作步骤】

打开【替换】对话框→光标定位在【查找内容】栏→点击【更多】→点击【特殊格式】按钮→选择【尾注标记】→光标定位在【替换为】栏→输入“[]”→光标定位在“[]”里→特殊格式选择【查找内容】→搜索改成【向下】→【全部替换】，如图 1-121 所示。

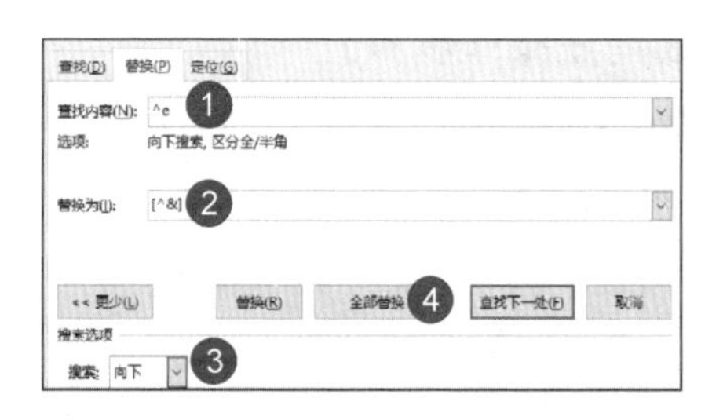

图 1-121　修改尾注编号格式

特别提醒：搜索一定要改成【向下】，否则尾注（非正文）也会被替换。

005.修改尾注分隔符

题目要求：将尾注上方的尾注分隔符替换为文本“参考文献”。

【修改尾注分隔符操作步骤】

【视图】选项卡→草稿视图→【引用】选项卡→【显示备注】→点击下拉按钮选择【尾注分隔符】→选中分隔线按【Backspace】键→输入文本“参考文献”，如图 1-122 所示。

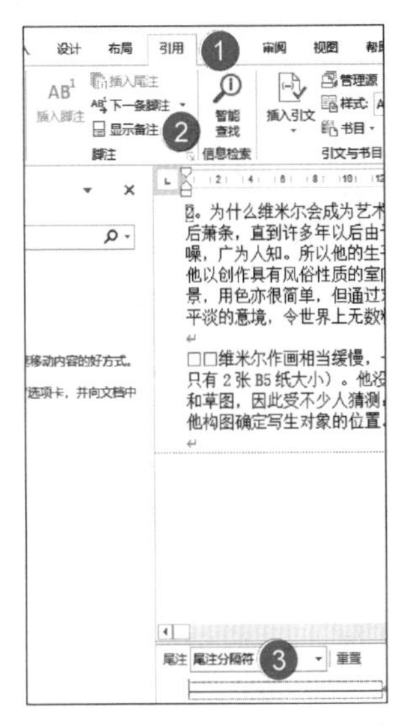

图 1-122　修改尾注分隔符

21.书目考点　　难度系数★★★★☆

001.插入书目

题目要求：在标题“参考文献”下方，为文档插入书目，样式为“APA 第六版”，书目中文献的来源为文档“参考文献.xml”

【插入书目操作步骤】

光标定位在“参考文献”下方→【引用】选项卡→【管理源】→【浏览】导入“参考文献.xml”→点击【复制】→样式选择【APA 第六版】→再点击【书目】→选择【插入书目】，如图 1-123 所示。

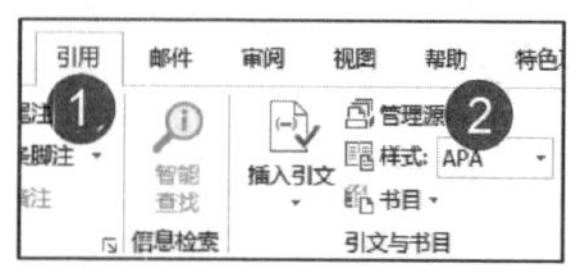

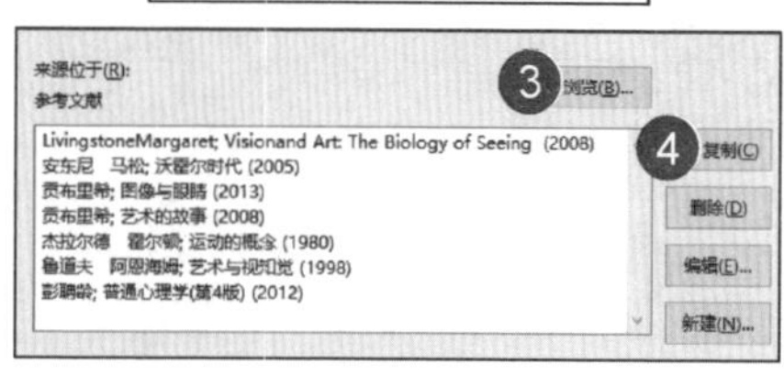

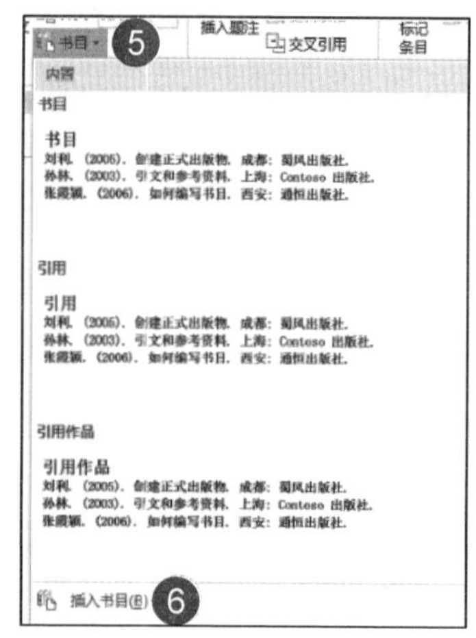

图 1-123 插入书目

002.修改书目标准代码

题目要求：为文档中引文源中的条目“陈阅增普通生物学”添加“标准代号”，内容为“ISBN：7-04-014584-7”；在文档结尾，适当调整文本“参考文献”的格式，并在其下方插入书目，使用“GB7714”样式。

【调整书目标准代码操作步骤】

光标定位在“参考文献”下方→【引用】选项卡→点击【管理源】→选择【吴相钰……】→点击【编辑】→勾选【显示所有书目域】→样式选择【GB7714】→再点击【书目】→选择【插入书目】，如图 1-124 所示。

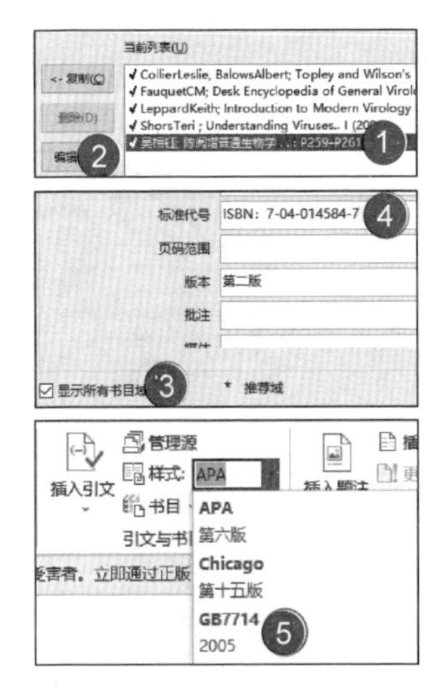

图 1-124　修改书目代码

22.多级列表考点　　难度系数★★★★☆

001.创建多级列表

题目要求：为所有用“(一级标题)”标识的段落设置多级列表，如：第 1 章、第 2 章、……第 n 章。

【创建多级列表操作步骤】

首先需要为多级列表的内容套用对应的标题样式(此步骤可参考“样式考点”节)，单击【开始】→【段落】组→【多级列表】右侧的下拉按钮→选择【定义新的多级列表】，如图 1-125 所示。

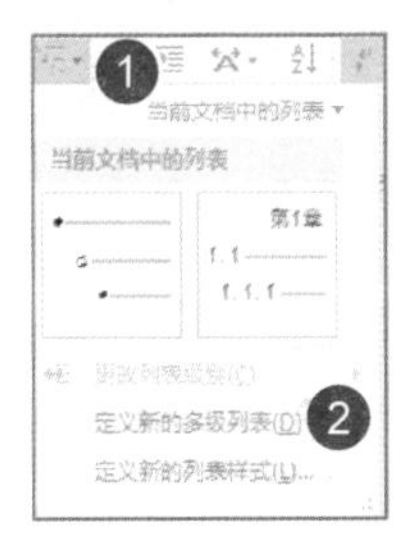

图 1-125　定义新的多级列表

弹出的对话框中单击【更多】按钮→选中【单击要修改的级别】中的“1”，

【将级别链接到样式】右侧的下拉按钮→选择【标题 1】,如图 1-126 所示。

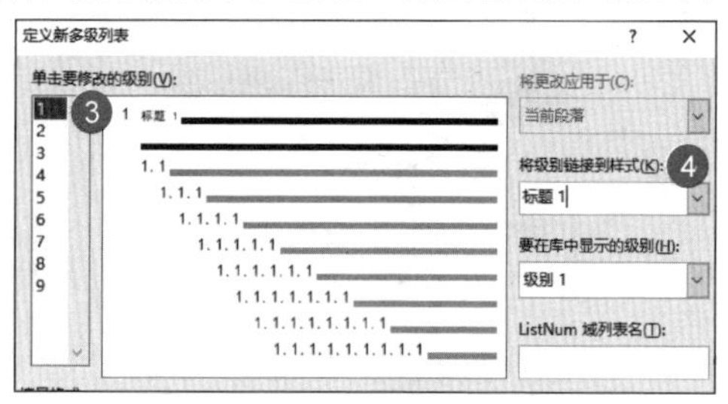

图 1-126　链接到样式

【输入编号的格式】中将原来的“1”修改为“第 1 章”(因为“1”是动态变化的,因此“1”要保留,在其左右两侧输入“第”和“章”),如图 1-127 所示。

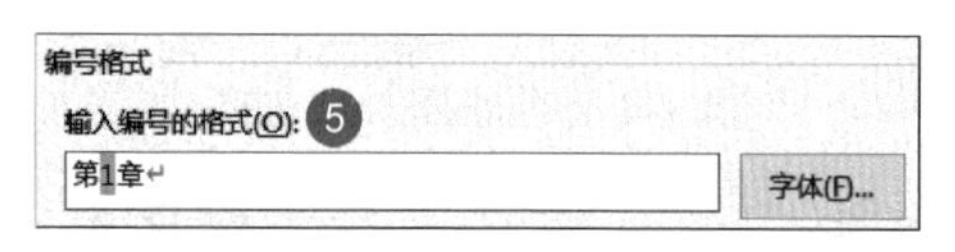

图 1-127　编辑编号格式

按照同样的方法设置第 2 级和第 3 级。

特别提醒:如果误删了自动编号“1”,则在此级别的编号样式中重新选择。

002.更改多级列表编号格式

题目要求:标题 1 编号显示“第一章,第二章,……”,而第 2 级和第 3 级显示“1.1,1.2……;1.1.1,1.1.2……”。

【更改多级列表编号格式操作步骤】

首先把一级编号级别样式链接到标题 1→单击【此级别文档编号样式】框右侧按钮→在弹出对话框中选择“一、二、三(简)…”格式,如图 1-128 所示。

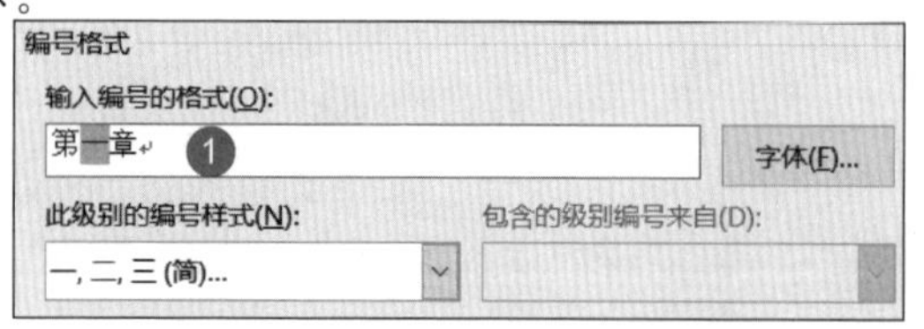

图 1-128　选择合适的编号样式

单击二级编号,第二级标题就变成了“一.1”格式,如图 1-129 所示。

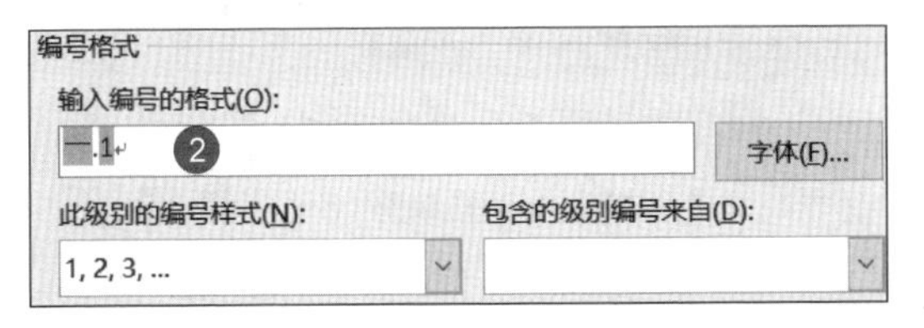

图 1-129　输入编号格式样例

勾选右侧【正规形式编号】复选框,即可将“一.1”改为“1.1”,如图 1-130 所示。

图 1-130　正规形式编号

003.设置编号之后的符号

题目要求:编号与标题内容之间用空格分隔。

【设置编号之后的符号操作步骤】

【多级列表】对话框→编号之后选择【空格】,如图 1-131 所示。

图 1-131　设置编号之后的符号

004.调整编号缩进位置

题目要求:编号对齐左侧页边距。

【调整编号缩进位置操作步骤】

在对应位置调整对齐方式和对齐位置,如图 1-132 所示。

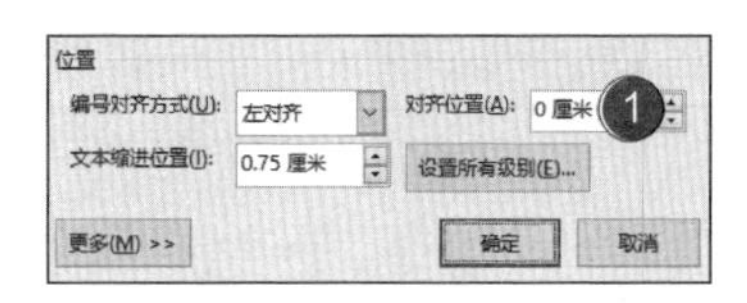

图 1-132 调整编号缩进位置

23.题注考点 难度系数★★★☆☆

001.插入题注

题目要求：将手动的标签和编号“图 1-1”到“图 1-10”替换为可以自动编号和更新的题注。

【插入题注操作步骤】

光标定位在需要插入题注的位置→【引用】选项卡→【插入题注】→【标签】选择【图】，如图 1-133 所示。用同样的方法对文档后面每张图片添加题注。

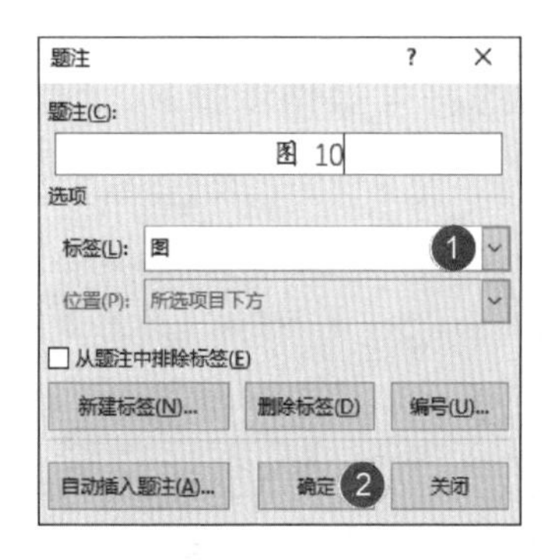

图 1-133 插入题注

特别提醒：如果标签的下拉列表里面没有图，则点击【新建标签】输入“图”，新建名为图的标签。

002.题注包含章节号

在书籍的排版中，图片和表格的题注编号通常由两部分组成，题注中的第一个数字代表图片或表格所在文档的章节号，题注的第二个数字表示图片或表格在当前章节的序号。

题目要求：在表格上方说明文字左侧添加形如“表1-1”，“表2-1”题注。

【题注包含章节号操作步骤】

将光标定位在添加题注的位置→【引用】选项卡→插入题注→【编号】→勾选【包含章节号】，如图1-134所示。

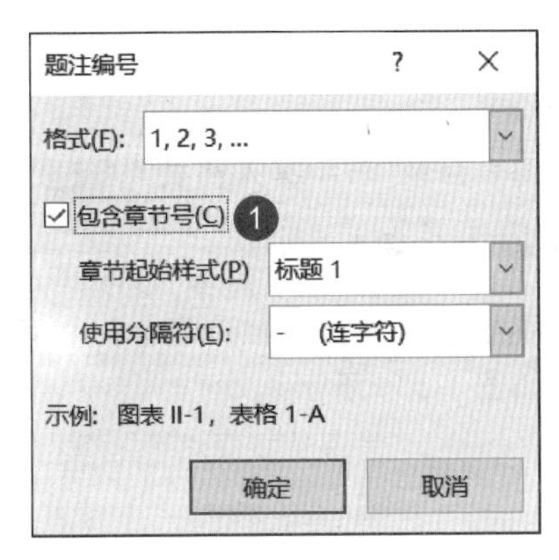

图1-134 题注包含章节号

特别提醒：需先设置好多级列表，题注包含标题才能实现。

003.交叉引用

题目要求：将正文中使用黄色突出显示的文本“图1-1”到“图1-10”替换为可以自动更新的交叉引用，引用类型为图片下方的题注，只引用标签和编号。

【交叉引用操作步骤】

光标定位在文档中需要交叉引用的位置→【引用】选项卡→【交叉引用】→引用类型选择【图】→引用内容选择【仅标签和编号】→选择具体引用的对象→点击【插入】，如图1-135所示。

图 1-135　交叉引用

004.插入表目录

题目要求:在“图表目录”节中插入格式为“正式”的图表目录。

【插入表目录操作步骤】

将光标定位在要放置图表目录的位置→【引用】选项卡→【插入表目录】→修改格式,如图 1-136 所示。

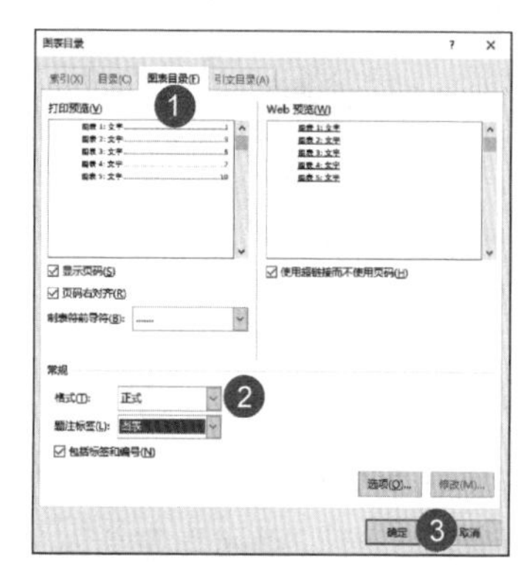

图 1-136　插入表目录

24.索引考点　　难度系数★★★☆☆

索引就是将书中所有重要的词汇按照字母的顺序排列的列表,并且列出每个词在书中对应的页码,为读者在书中快速找到某个词提供方便。(考频:3 次)

001.标记索引项

题目要求:将所有的文本“ABC 分类法”都标记为索引项。

【标记索引项操作步骤】

【引用】选项卡→【标记条目】→【主索引项】输入“ABC 分类法”→【标记全部】,如图 1-137 所示。

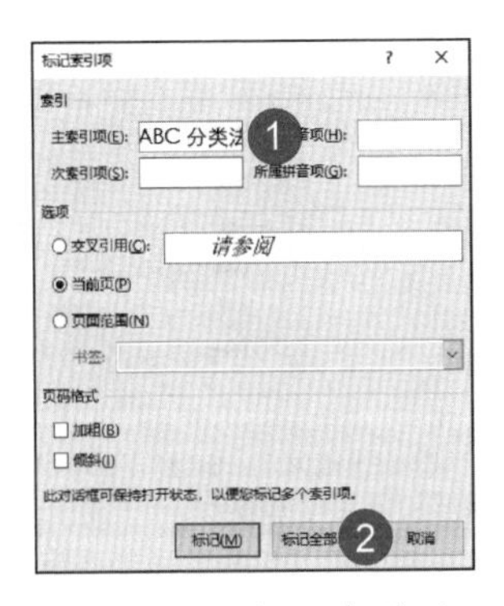

图 1-137　标记索引项

002.插入索引

题目要求:如在“人名索引”下方插入格式为“流行”的索引,栏数为 2,排序依据为拼音,索引项来自于文档“人名.docx”。

【插入索引操作步骤】

将光标定位在要插入索引的位置→【引用】选项卡→【插入索引】→【自动标记】→找到索引项来源文件→打开,如图 1-138 所示。

图 1-138　插入索引

【修改索引格式操作步骤】

再次点击【插入索引】→设置【格式】→设置【栏数】→设置【排序依据】→【确定】,如图 1-139 所示。

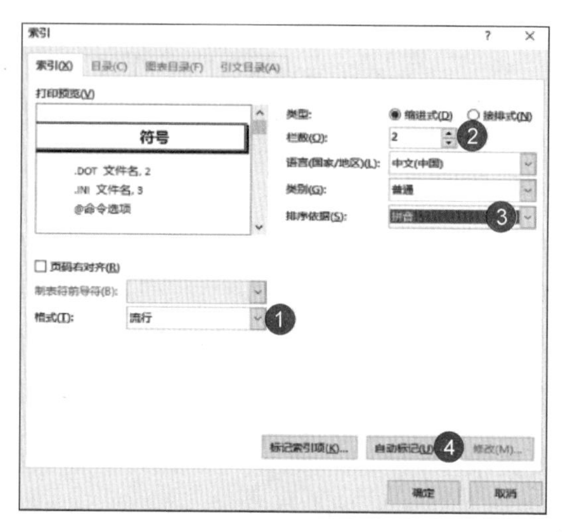

图 1-139　设置索引格式

003.交叉引用索引

题目要求:将“脱氧核糖核酸”标记为索引项目,且在索引中显示为“请参阅 DNA”。

【交叉引用索引操作步骤】

选中“脱氧核糖核酸”→点击【标记条目】→【交叉引用】输入“请参阅 DNA”,如图 1-140 所示。

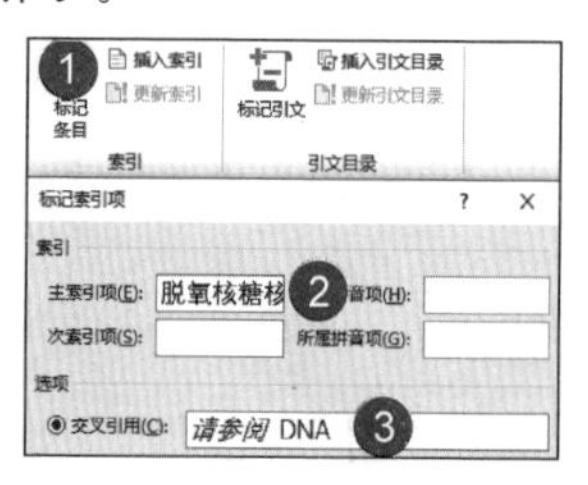

图 1-140　交叉引用索引

004.结合书签表示索引页面范围

题目要求：将“噬菌体”标记为索引条目，且在索引中显示为从“6.2 噬菌体”到文档正文结尾“在海洋哺乳动物中流行。”的页码数。

【结合书签表示索引页面范围操作步骤】

选中“‘6.2 噬菌体’到文档正文结尾‘在海洋哺乳动物中流行。’”→【插入】选项卡→点击【书签】→书签名输入【噬菌体】→点击【添加】→【引用】选项卡→点击【标记条目】→输入【主索引项】→页码范围选择对应的书签→点击【标记】，如图 1-141 所示。

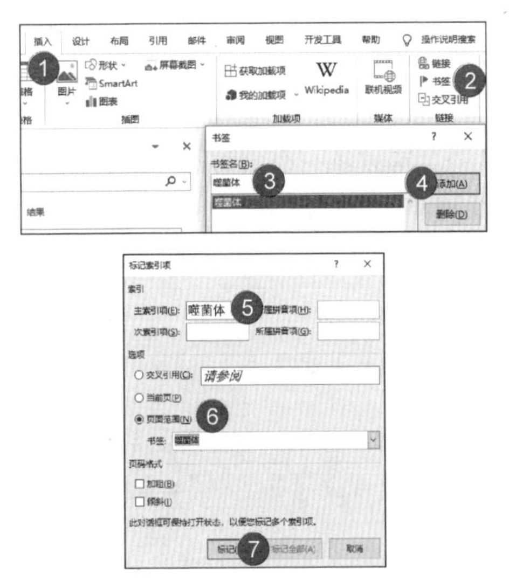

图 1-141　索引表示页码范围

005.更新索引

【更新索引操作步骤】

将光标定位在索引处→【引用】选项卡→【更新索引】。

特别提醒：更新索引时一定要将光标定位在索引处，否则“更新索引”为灰色，无法使用。

006.隐藏索引

题目要求：索引生成后将文档中的索引标记项隐藏。

【隐藏索引操作步骤】

【开始】选项卡→关闭显示/隐藏编辑标记，如图 1-142 所示。

图 1-142　隐藏索引

25.邮件合并考点　　难度系数★★★★☆

Word 的邮件合并可以将一个主文档与一个数据源结合起来，最终生成一系列结果文档。（考频：12 次）

001.常规考点

【邮件合并常规操作步骤】

【邮件】选项卡→开始邮件合并选【信函】→选择收件人选【使用现有列表】→【插入合并域】→【完成并合并】→编辑单个信函选【全部】，如图 1-143 所示。

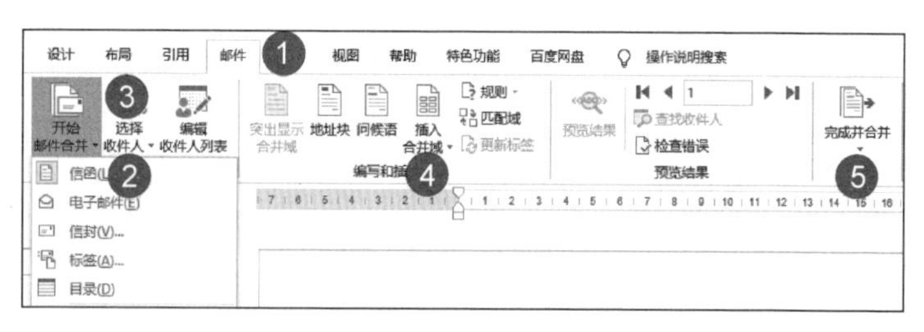

图 1-143　邮件合并操作步骤

002.规则(如果……那么……否则)

题目要求:客户称谓则根据客户性别自动显示为“先生”或“女士”。

【规则操作步骤】

【邮件】选项卡→点击【规则】→选择【如果…那么…否则】→【域名】选择“性别”→【比较对象】输入“男”→【则插入此文字】输入“先生”→【否则插入此文字】输入“女士”,如图 1-144 所示。

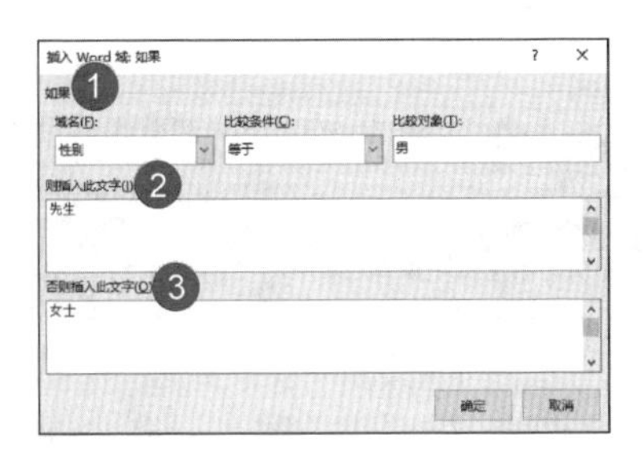

图 1-144　规则(如果……那么……否则)

003.邮件合并跳过记录

例如:结算金额低于 500 元单据记录自动跳过。

【跳过记录操作步骤】

【邮件】选项卡→点击【规则】→选择【跳过记录条件】→【域名】选择“金额小写”→【比较条件】选择“大于”→【比较对象】栏中输入“500”,如图 1-145 所示。

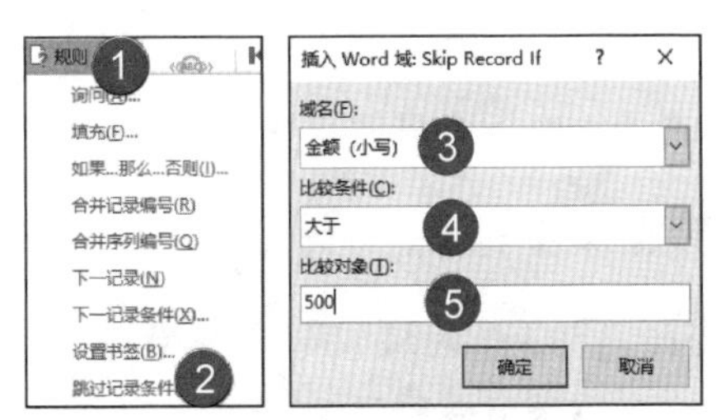

图 1-145　跳过记录

004.编辑收件人列表

题目要求：仅为其中学号为 C121401～C121405、C121416～C121420、C121440～C121444 的 15 位同学生成家长会通知。

【编辑收件人列表操作步骤】

在【邮件】选项卡→单击【编辑收件人列表】→勾选需要通知的学生学号，如图 1-146 所示。

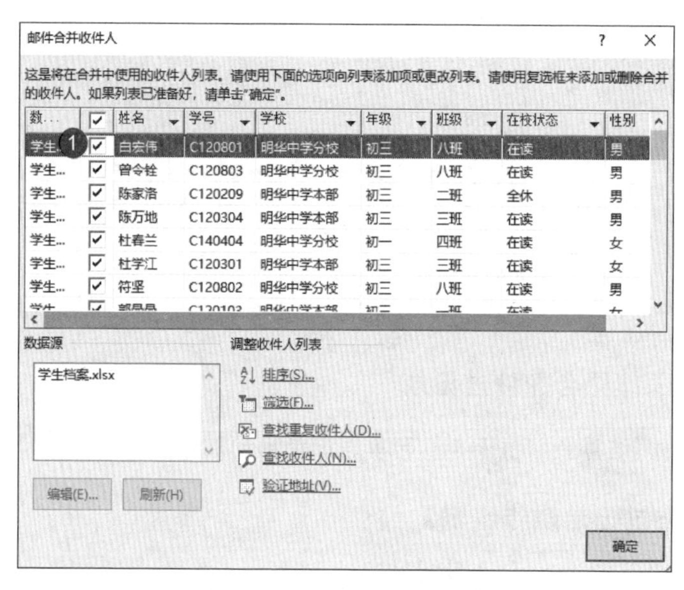

图 1-146　编辑收件人列表

005.编辑域代码

题目要求：要求通知中所有成绩均保留两位小数。

【编辑域代码操作步骤】

选中域→【Shift＋F9】进入域代码编辑状态→在“语文”后输入【\＃0.00】→【Shift＋F9】退出域代码编辑状态，如图 1-147 所示。

图 1-147　编辑域代码

006.邮件合并插入照片

题目要求：在“贴照片处”插入考生照片。

【插入照片操作步骤】

插入域→【IncludePicture】→复制粘贴照片所在文件夹路径→选中图片框按【Shift＋F9】打开域代码→在“考生文件夹”后输入“\\”→【插入合并域】→选择【照片】→按【Shift＋F9】关闭域代码→【F9】更新，即可显示照片（要做完后面的筛选照片才会出来），如图 1-148 所示。

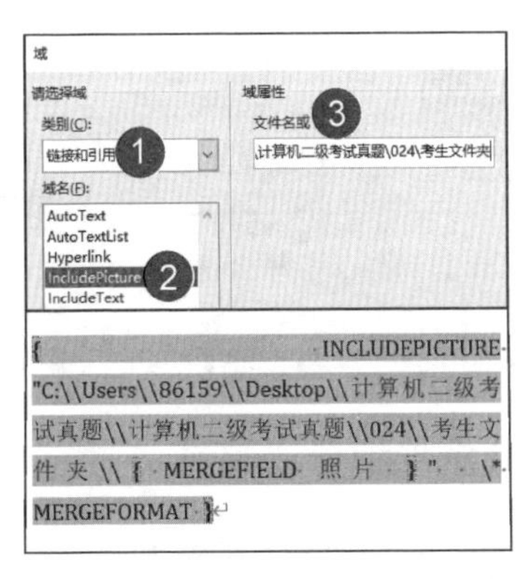

图 1-148　生成带照片的准考证

007.邮件合并生成标签

标签考点：标签名称、上边距、侧边距、标签高度、标签宽度、纵向跨度、标签列数、页面大小。

【邮件合并生成标签操作步骤】

【邮件】选项卡→开始邮件合并选择【标签】→选择【新建标签】设置标签参数→点击【更新标签】→完成并合并，如图 1-149 所示。

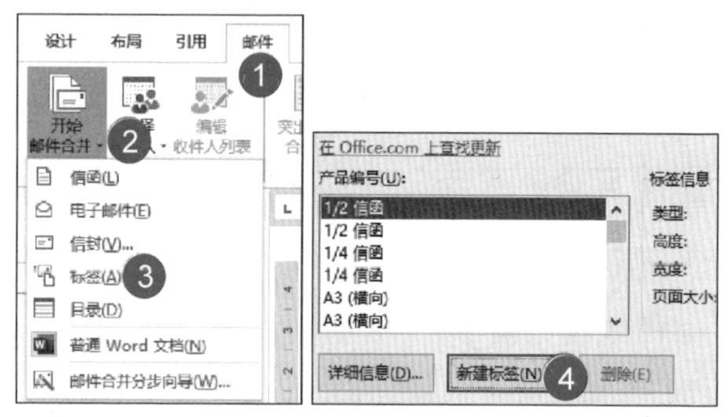

标签的纵向跨度=标签高度+标签间隔

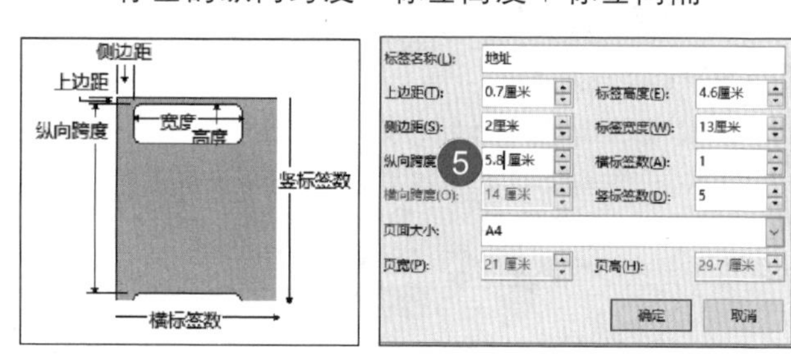

图 1-149　邮件合并标签设置

特别提醒：完成合并前一定要点击【更新标签】。

008.修改合并域中电话号码格式

题目要求：标签上电话号码的格式应为“XXX-XXXX-XXXX”（前 3 位数字后面和末 4 位数字前面各有一个减号“-”）。

【修改合并域中电话号码格式操作步骤】

选中【电话】域→按【Shift+F9】进入域代码编辑状态→电话后输入【\#000'-'0000'-'000】→再按【Shift+F9】退出域代码编辑状态，如图 1-150 所示。

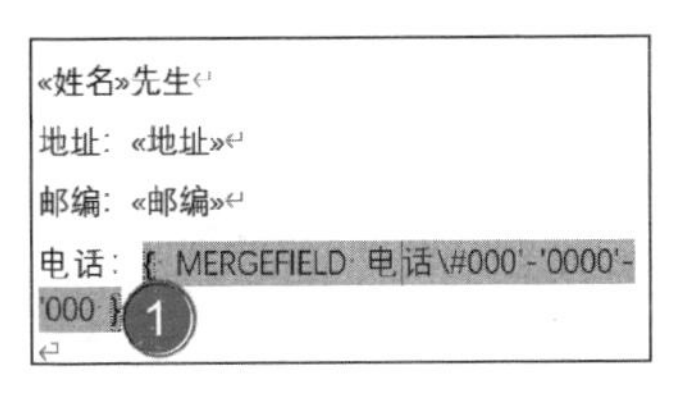

图 1-150　修改合并域中电话号码格式

26.审阅选项卡考点　　难度系数★★☆☆☆

001.中文简繁转变

基本考点：中文简转繁、繁转简。

002.添加批注

批注是作者和审阅者的沟通渠道，审阅者在修改他人文档时，通过插入批注，可以将自己的建议插入到文档中，以供作者参考。

【添加批注操作步骤】

选中需要添加批注的文本→【审阅】选项卡→点击【新建批注】，如图 1-151 所示。

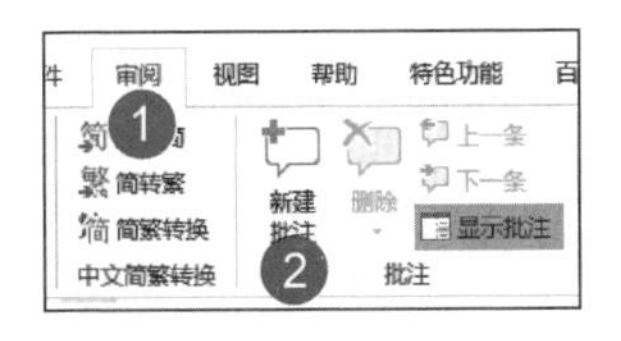

图 1-151　添加批注

003.删除批注

【删除批注操作步骤】

选中文本中的批注→【审阅】选项卡→点击【删除】下拉框→选择【删除】(如果需要删除所有批注，点击删除文档中所有批注)，如图 1-152 所示。

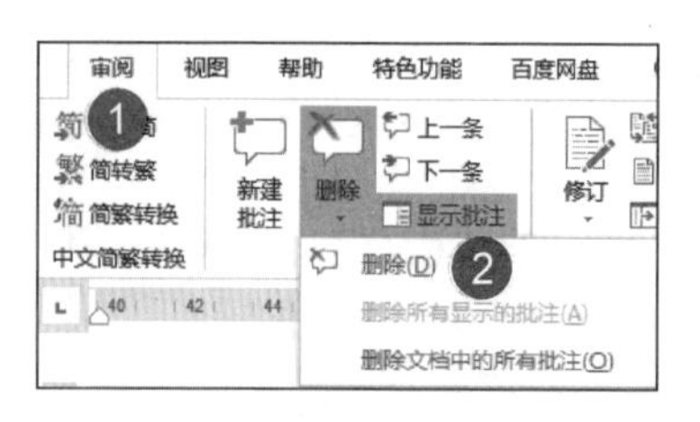

图 1-152 删除批注

004.接受或者拒绝修订

题目要求：接受审阅者文晓雨对文档的所有修订，拒绝审阅者李东阳对文档的所有修订。

【接受或者拒绝修订的操作步骤】

【审阅】选项卡→显示标记→【特定人员】勾选文晓雨→点开【接受】的下拉框→选择【接受所有显示的修订】→【显示标记】→【特定人员】勾选李东阳→点开拒绝的下拉框→选择【拒绝对文档的所有修订】，如图 1-153 所示。

图 1-153 修订

005.比较文档

题目要求：请打开“04Word.docx”文档，论文在交给指导老师修改的时候，老师添加了某些内容，并保存在文档“教师修改.docx”中，要求在自己的论文“Word.docx”中接受修改，添加该内容。

【比较文档操作步骤】

【审阅】选项卡→点击【比较】按钮→放置【原文档】和【结果文档】→光标放在生成后的比较结果文档→【审阅】选项卡→点击【接受】按钮→选择【接受所有修订】→最后将这个文档存到考生文件夹替换“04Word.docx”文档，如图 1-154 所示。

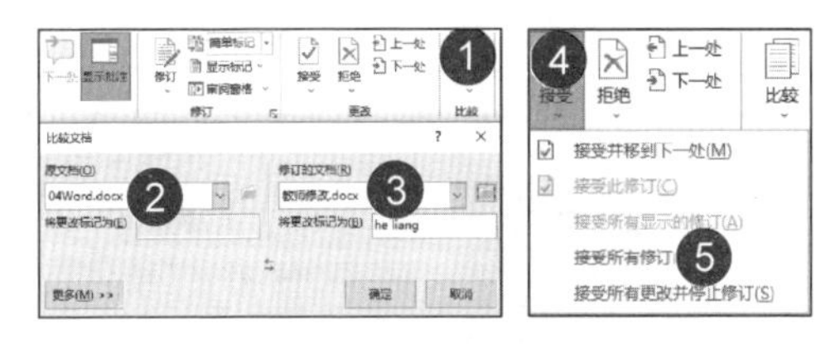

图 1-154　比较文档

006.限制编辑

题目要求：为表格所在的页面添加编辑限制保护，不允许随意对该页内容进行编辑修改，并设置保护密码为空。

【限制编辑操作步骤】

【审阅】选项卡→【限制编辑】→勾选【格式化限制】→勾选【仅允许在文档中进行此类型的编辑】→【填写窗体】→选择【节 3】→点击【是，启动强制保护】→设置密码为空，如图 1-155 所示。

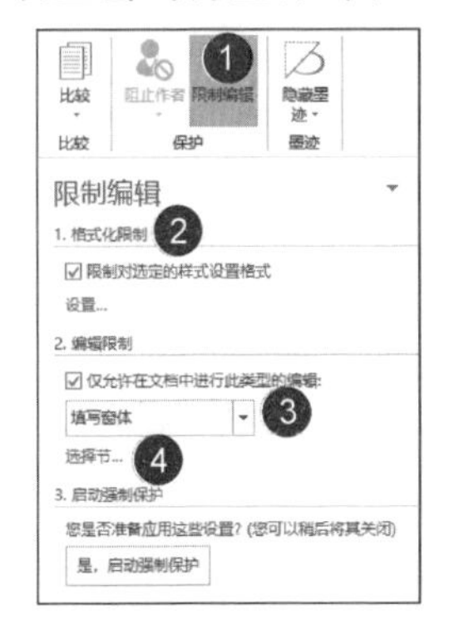

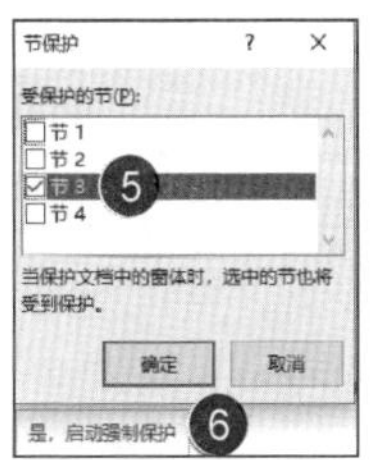

图 1-155　限制编辑

27.文件选项卡考点　　　　难度系数★★☆☆☆

001.另存为

【另存为 word 文档操作步骤】

点击【文件】→选择【另存为】→点击【浏览】→输入文件名→选择正确的路径,如图 1-156 所示。

图 1-156　另存为 word 文档

【另存为 PDF 操作步骤】

点击【文件】→选择【另存为】→点击【浏览】→保存类型选择【PDF】→输入文件名→选择正确的路径,如图 1-157 所示。

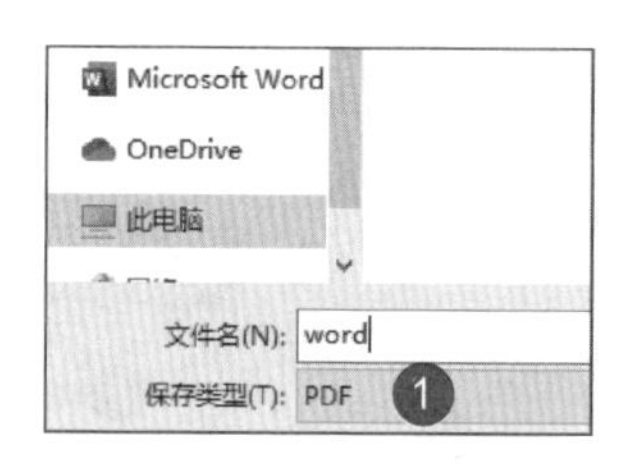

图 1-157　另存为 PDF

特别提醒:

1.另存为非常重要,文件名和保存路径都要正确,一旦存错,前功尽弃。

2.当保存类型匹配正确时，就无须在文件名处加后缀。

002.检查问题

题目要求：检查文档并删除不可见内容。

【检查问题操作步骤】

点击【文件】→【信息】→【检查问题】→选择【检查文档】→点击【检查】→检查完毕之后，【全部删除】不可见内容，如图 1-158 所示。

图 1-158　检查问题

28.高级属性考点　　难度系数★★☆☆☆

001.高级属性

题目要求：为文档添加自定义属性，名称为“类别”，类型为文本，取值为“科普”。

【高级属性操作步骤】

点击【文件】→选择【信息】→点击【属性】→选择【高级属性】，如图 1-159 所示。

图 1-159　高级属性

点击【自定义】→【名称】输入“类别”→类型选择【文本】→【取值】输入“科普”→点击【添加】，如图 1-160 所示。

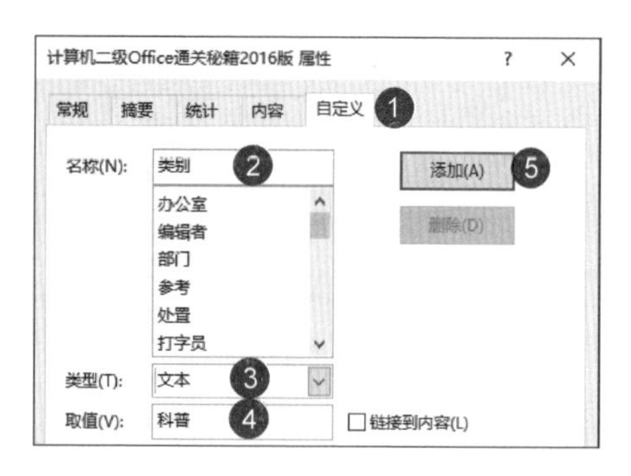

图 1-160　高级属性 2

002.摘要属性

题目要求：为文档添加摘要属性，作者为“林凤生”。

【高级属性操作步骤】

点击【文件】→选择【信息】→点击【属性】→选择【摘要】→输入作者，如图 1-161 所示。

图 1-161　摘要属性

第 2 章　Excel 基础操作专题

01.工作表的基本操作考点　　难度系数★☆☆☆☆

001.工作表的常规考点

新建工作表、删除工作表、重命名工作表、设置工作表标签颜色、隐藏工作表、取消隐藏工作表。

【工作表的基本设置操作步骤】

光标定位在工作表标签上→单击右键→按照题目要求进行设置，如图 2-1 所示。

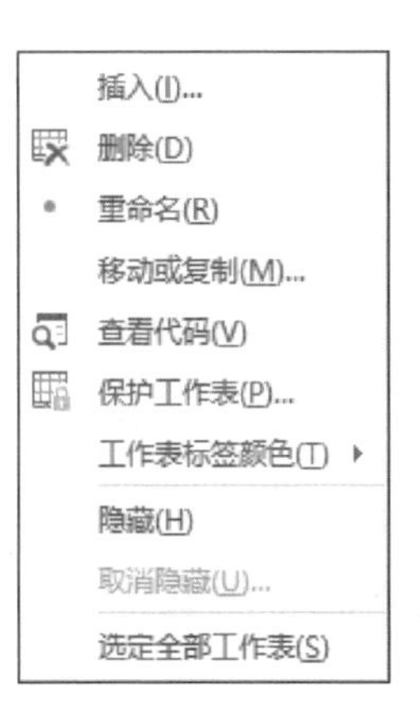

图 2-1　工作表的常规考点

002.移动或复制工作表

【移动工作表操作步骤】

选择需要移动位置的工作表→按住鼠标左键不放→拖动工作表到

要放置的位置(小黑箭头即为工作表放置位置)→松开鼠标即可移动成功,如图 2-2 所示。

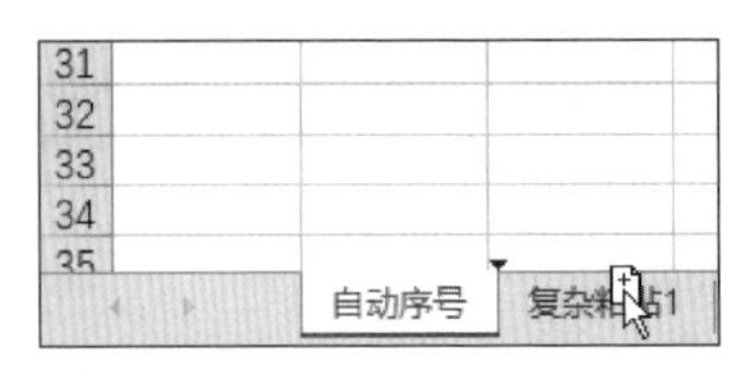

图 2-2　移动工作表

【复制工作表操作步骤】

左键选中需要复制的工作表→按住【Ctrl】键的同时拖动鼠标指针到指定位置→释放鼠标→即可在指定位置得到一个相同的工作表,如图 2-3 所示。

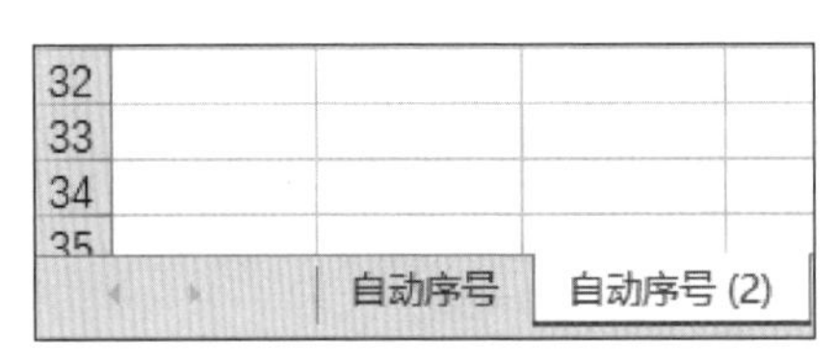

图 2-3　复制工作表

003.从其他工作簿复制工作表

如果需要在不同的工作簿中移动或复制工作表,则需要单击右键实现。

【从其他工作簿复制工作表操作步骤】

选择需要移动或复制的工作表标签→单击右键→【移动或复制】→工作簿下框中选择需要移动到的工作簿→【下列选定工作表之前】下框中选择放在哪个工作表之前(如果是复制工作表就勾选【建立副本】按钮,如果是移动则无须勾选),如图 2-4 所示。

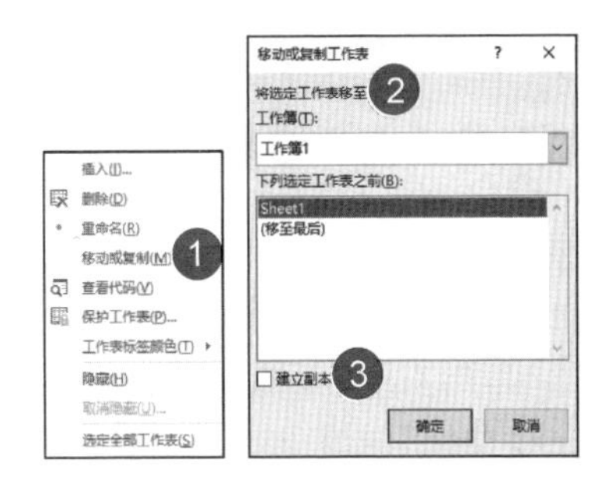

图 2-4　从其他工作簿复制工作表

特别提醒:在使用此功能时,需将两个工作簿文件同时打开,否则无法完成跨工作簿移动或复制。

004.取消显示工作表标签

题目要求:对工作簿进行设置,取消显示工作表标签,且活动工作表为“费用合计”。

【取消显示工作表标签操作步骤】

打开“费用合计”工作簿→【文件】选项卡→点击【选项】按钮→【高级】组→取消勾选【显示工作表标签】,如图 2-5 所示。

图 2-5　取消显示工作表标签

005.保护工作表部分区域

题目要求:在工作表“差旅费报销”中,保护工作表(不要使用密码,否则整个模块不得分),以便“L3:K22 单元格区域以及 K23 单元格”可以选中但无法编辑,也无法看到其中的公式,其他单元格都可以正常编辑。

【保护工作表部分区域操作步骤】

选中工作表“差旅费报销”中整个数据区域→单击右键【设置单元格格式】→【保护】组→取消勾选【锁定】按钮→选中“L3:K22 单元格区域以及 K23 单元格”→单击右键【设置单元格格式】→【保护】组→勾选【锁定】和【隐藏】按钮→【审阅】选项卡→点击【保护工作表】→无须输入密码,点击【确定】按钮,如图 2-6 所示。

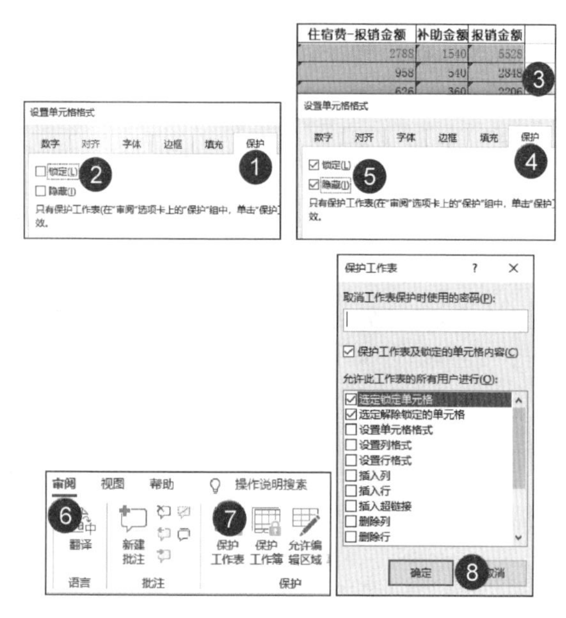

图 2-6 保护工作表部分区域

02.表格的基本设置考点 难度系数★☆☆☆☆

001.插入行列

【插入行列,删除行列操作步骤】

光标定位在要插入行列的位置,或者选中要删除的行列→单击鼠标右键→插入或删除,如图 2-7 所示。

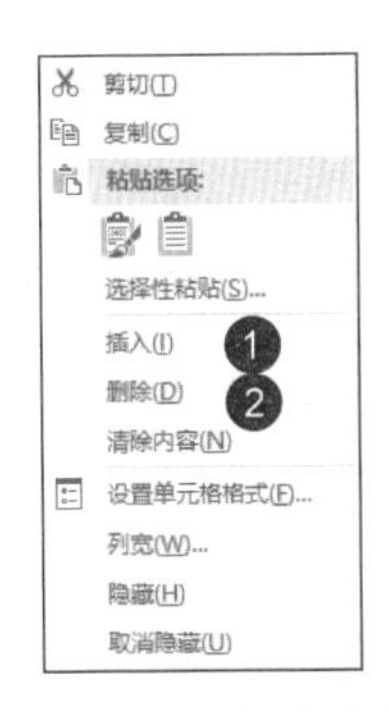

图 2-7　插入和删除行列

002.调整行高列宽

【自动调整行高列宽操作步骤】

选中所有要调整的行或列→光标定位行或列中间→呈双向箭头时双击，如图 2-8 所示。

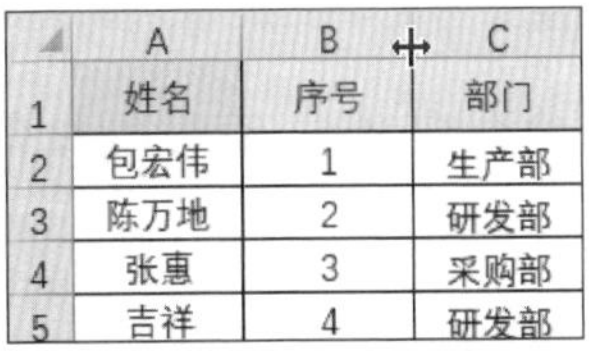

	A	B	C
1	姓名	序号	部门
2	包宏伟	1	生产部
3	陈万地	2	研发部
4	张惠	3	采购部
5	吉祥	4	研发部

图 2-8　自动调整列宽

特别提醒：如果单元格出现＃＃＃＃＃，说明列宽不够。

【精确调整操作步骤】

选择需要调整的行或列→【开始】选项卡→【格式】→【行高】或【列宽】→输入固定值，如图 2-9 所示。

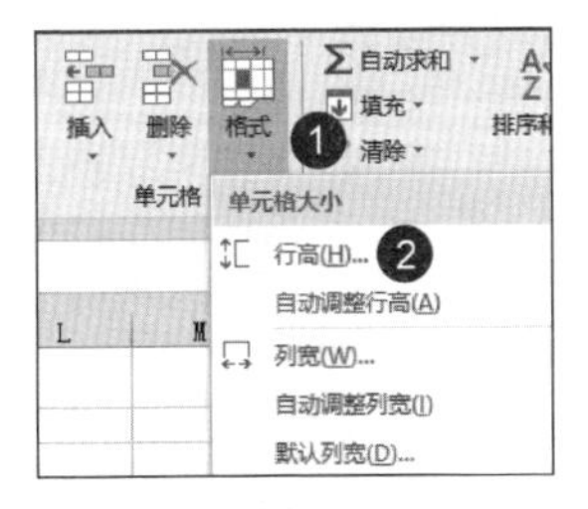

图 2-9　设置行高固定值

003.移动行列

【移动行列操作步骤】

选中要移动的列→光标移动到列与列的边框线上→鼠标成四向箭头的状态时→按住【Shift】键不放→同时按住鼠标左键拖动→当移动到正确位置时松手,如图 2-10 所示。

	A	B
1	订单编号	姓名
2	1	包宏伟
3	2	陈万地
4	3	张惠
5	4	吉祥

图 2-10　移动行列

004.隐藏行列

当工作表只有一部分有数据时,有时题目要求将数据区域以外的行列隐藏。

【隐藏行列操作步骤】

选中需要隐藏的行列→单击右键→【隐藏】,如图 2-11 所示。

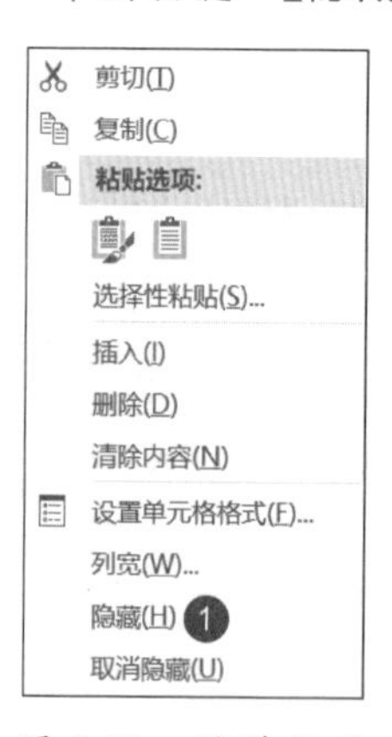

图 2-11　隐藏行列

03.单元格设置考点　　难度系数★★★☆☆

001.字体基础考点

基本考点：字体、字号、颜色、边框底纹、合并单元格。

002.设置单元格格式常规考点

单元格格式设置的常规考点，主要包括以下 8 种：常规、数值、货币、会计专用、百分比、分数、科学记数、特殊。

题目要求：设置单元格格式为数值，小数位数为两位，使用千位分隔符。

【单元格格式操作步骤】

选中要设置的区域→单击右键【设置单元格格式】→点击【数字】组→选择【数值】→设置【小数位数】为 2 位→勾选【使用千位分隔符】，如图 2-12 所示。

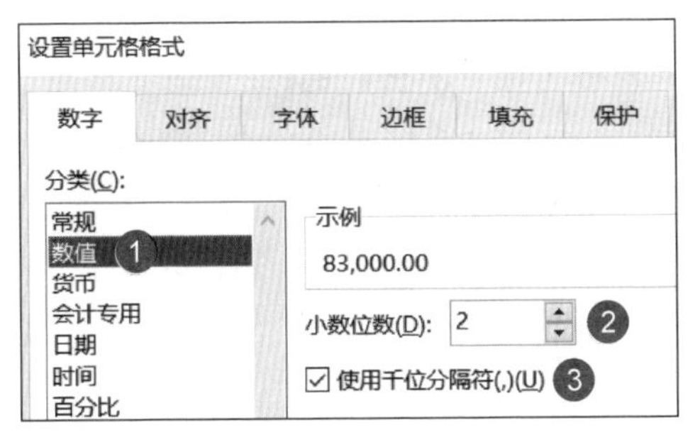

图 2-12　设置单元格格式

003.设置单元格格式为文本

【单元格格式操作步骤】

选中要设置的区域→单击右键【设置单元格格式】→点击【数字】组→选择【文本】→再输入 001、002…即可，如图 2-13 所示。

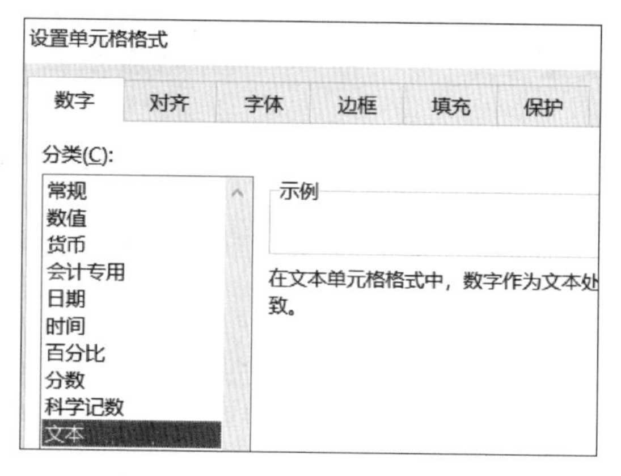

图 2-13 设置单元格格式为文本

特别提醒：一定要先设置单元格格式为文本，再输入内容。

004.调整日期格式

题目要求："2014/1/5"应显示为"2014/01/05"。

【调整日期格式操作步骤】

选中日期单元格区域→单击右键【设置单元格格式】→选择【自定义】→类型选择 yyyy/m/d→更改为 yyyy/mm/dd，如图 2-14 所示。

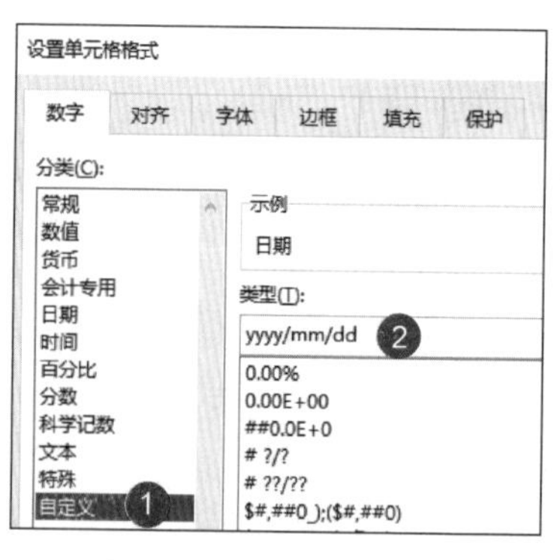

图 2-14 调整日期格式

005.以数值形式显示为 0001

题目要求：令"序号"列中的序号以"0001"式的格式显示，但仍需保持可参与计算的数值格式。

【以数值形式显示为 0001 操作步骤】

选中要设置的区域→单击右键【设置单元格格式】→选择【自定义】→在【类型】处输入“0000”，如图 2-15 所示。

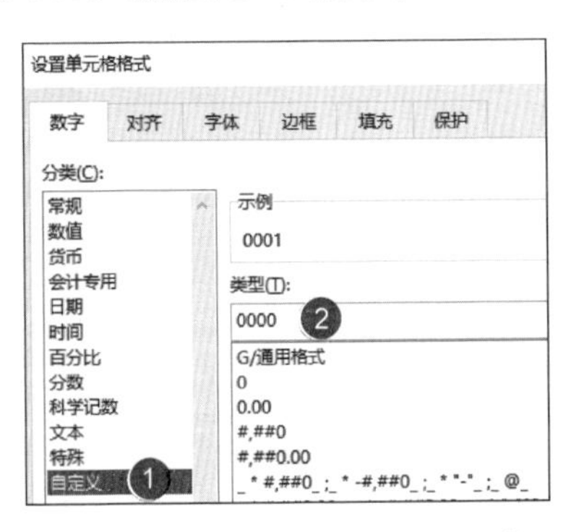

图 2-15　自定义数值显示方式

006.日期后加星期

题目要求：日期为“2013 年 1 月 20 日”的单元格应显示为“2013 年 1 月 20 日 星期日”。

【日期后加星期操作步骤】

选中所有日期的单元格→单击右键【设置单元格格式】→选择【自定义】→类型改为【yyyy"年"m"月"d"日"aaaa】，如图 2-16 所示。

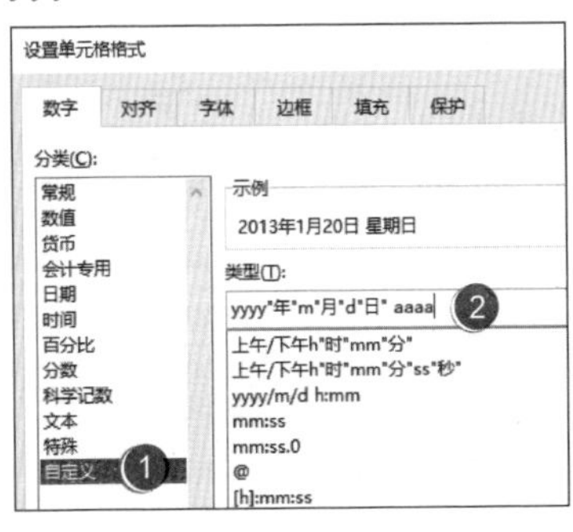

图 2-16　日期后加星期

007.自定义=0和>0单元格格式

题目要求：要求设置G列单元格格式，折扣为0的单元格显示“—”，折扣大于0的单元格以%形式显示(15%)。

【不同情况显示不同内容操作步骤】

选中所有需要设置格式的单元格→单击右键【设置单元格格式】→选择【自定义】→类型输入“[=0]—;[>0]#%”，如图2-17所示。

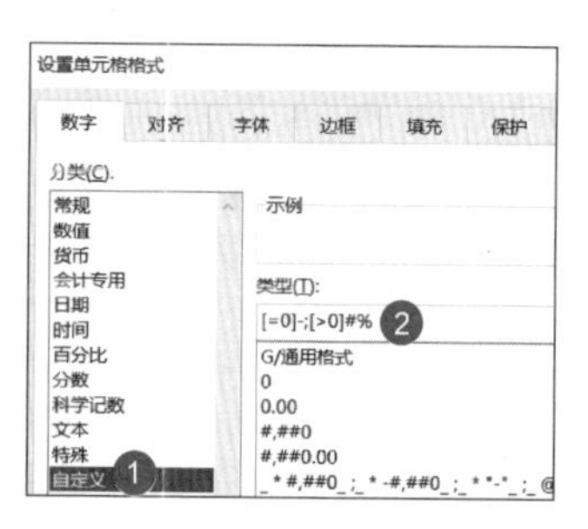

图2-17　自定义数值格式

特别提醒：分号【;】要是英文状态下的。

008.自定义单元格颜色

题目要求：设置数据大于100的单元格字体颜色为红色。

【自定义单元格颜色操作步骤】

选中所有需要设置格式的单元格→单击右键【设置单元格格式】→选择【自定义】→类型改为“[>100][红色];0”，如图2-18所示。

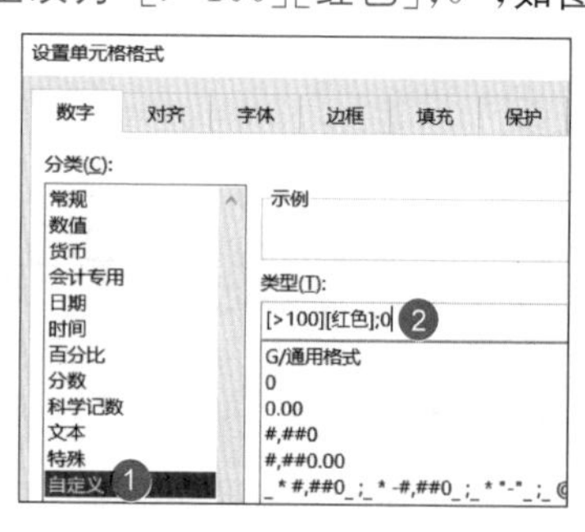

图2-18　自定义单元格颜色

009.数值缩小 1000 倍

【缩小 1000 倍操作步骤】

选中所有需要设置格式的单元格→单击右键【设置单元格格式】→选择【自定义】→类型输入“0.00,”,如图 2-19 所示。

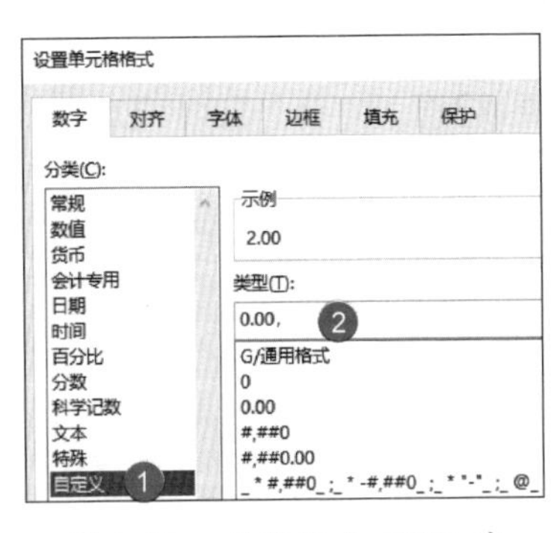

图 2-19　数值缩小 1000 倍

010.设置电话号码显示状态

题目要求:通过设置单元格格式,将“电话”列中的数据显示为星号,如果是手机号码显示 11 个星号,座机号码显示 8 个星号。

【设置电话号码显示状态操作步骤】

选中所有需要设置格式的单元格→单击右键【设置单元格格式】→点击【自定义】→类型输入"[>9999999999]"***********";"********""”,如图 2-20 所示。

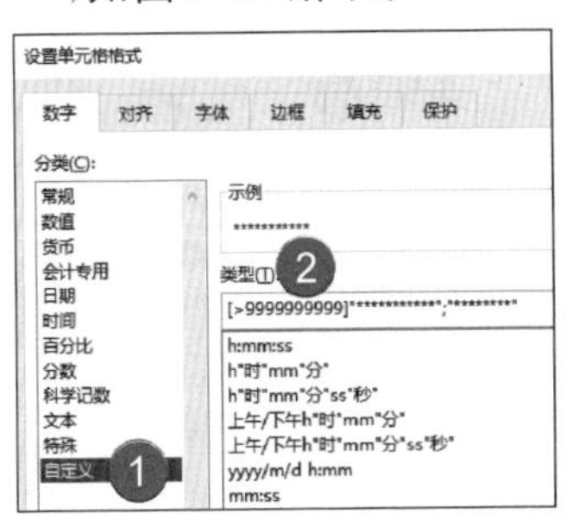

图 2-20　设置电话号码显示状态

011.以显示精度参与后续计算

题目要求：将 B 列中的数值四舍五入为整数且以显示的精度参与后续的计算。

【以显示精度参与后续计算操作步骤】

选中所有需要设置格式的单元格→单击右键【设置单元格格式】→点击【数值】→【小数位数】输入 0 位→【文件】选项卡→点击【高级】→勾选【将精度设为所显示的精度】，如图 2-21 所示。

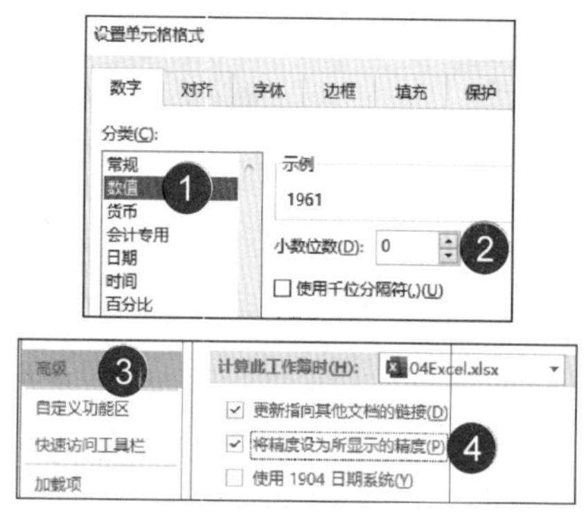

图 2-21　以显示精度参与后续计算

012.单元格对齐方式

基本考点：自动换行、手动换行、合并后居中、跨列居中，如图 2-22 所示。

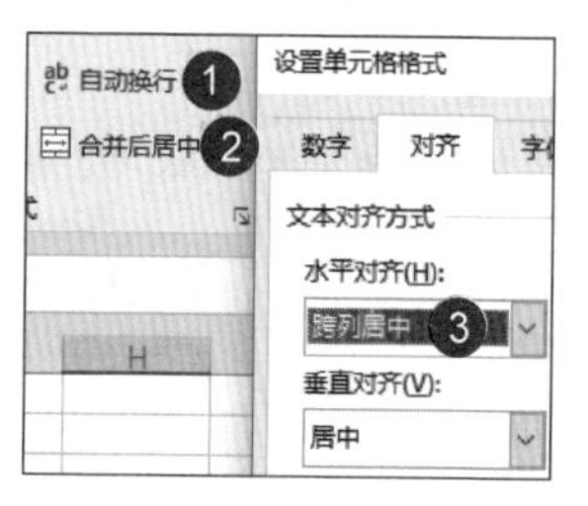

图 2-22　单元格对齐方式

特别提醒：手动换行是把光标定位在要换行的位置，按【Alt+Enter】。

04.条件格式考点　　难度系数★★★☆☆

条件格式是为符合特定条件的单元格加上格式,比如设置特定的字体颜色、填充色等。(考频:26次)

001.常规考点

突出显示单元格规则:大于、小于、等于、介于、重复值、其他规则,如图2-23所示。

图2-23　突出显示单元格规则

最前/最后规则:值最大的10项、值最小的10项。

特别提醒:

1.当需要设置【大于等于】条件时,就需要使用【其他规则】。

2.10可以修改为任意数字。

002.数据条

单元格中数值的大小可以用数据条的长短表示,这样可以使表格的展现形式更加丰富。

【仅显示数据条操作步骤】

选中数据区域→【开始】选项卡【样式】组→点击【条件格式】→点击

【数据条】→选择【其他规则】→勾选【仅显示数据条】，如图 2-24 所示。

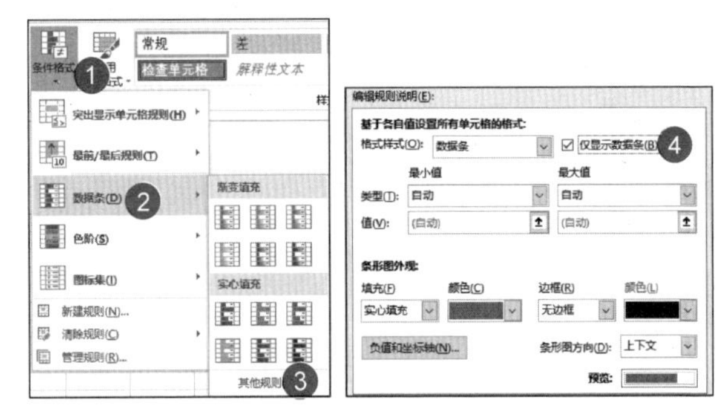

图 2-24　数据条考点

003.使用公式建立规则

题目要求：设置在单元格非空时才会自动以某一浅色填充偶数行，且自动添加上下边框线。

【为非空偶数行添加条件格式操作步骤】

选中数据区域→【开始】选项卡【样式】组→点击【条件格式】【新建规则】→公式栏输入＝AND(A1＜＞" ",MOD(ROW(A1),2)＝0)→点击【格式】设置填充色，如图 2-25 所示。

图 2-25　为非空偶数行添加条件格式

其他公式建立规则：

要求	函数
为周六周日添加条件格式	=WEEKDAY($B4,2)>5
为错误文本长度添加条件格式	=LEN(B4)<>12
为时间间隔大于10天添加条件格式	=$D2-$C2>10
为消费额最低的15位顾客添加条件格式	=RANK($F2,$F:$F,1)<16
为满足条件的整行添加条件格式	=$W3="错误"
为周末且大于平均值添加条件格式	=AND(WEEKDAY($A2,2)>5,$B2>AVERAGE($B$2:$B$367))

05.套用表格格式考点　　难度系数★☆☆☆☆

为了提高工作效率，Excel2016提供了60种专业表格样式供选择。(考频：23次)

001.常规考点

套用指定的表格格式、镶边行、镶边列、汇总行、转换为区域、表名称，如图2-26所示。

图2-26　套用表格格式常规考点

特别提醒：套用表格样式时不能选择合并后居中的单元格标题。

002.转换为区域

当套用表格样式后，会影响Excel表格某些功能的使用，特别是分类汇总功能。为了不影响使用，这时候需要将表格转换为区域。

【转换为区域操作步骤】

光标定位在数据区域内→切换到【表格工具/设计】选项卡【工具】

组→点击【转换为区域】,如图 2-27 所示。

图 2-27　转换为区域

003.应用指定的样式

为指定的单元格设定预设的样式,快速的统一字体、字号、边框、颜色等,如图 2-28 所示。

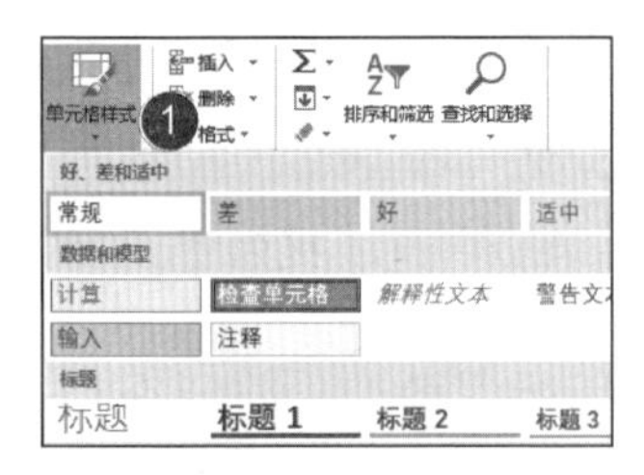

图 2-28　应用指定的单元格样式

004.修改/自定义单元格样式

当单元格内置样式不满足需求时,可以自定义修改其默认的格式或新建单元格样式。

【修改单元格样式操作步骤】

【开始】选项卡→【单元格样式】→鼠标放在需要修改的样式上→点击鼠标右键修改→点击【格式】→弹出的对话框中设置对应的格式,如图 2-29 所示。

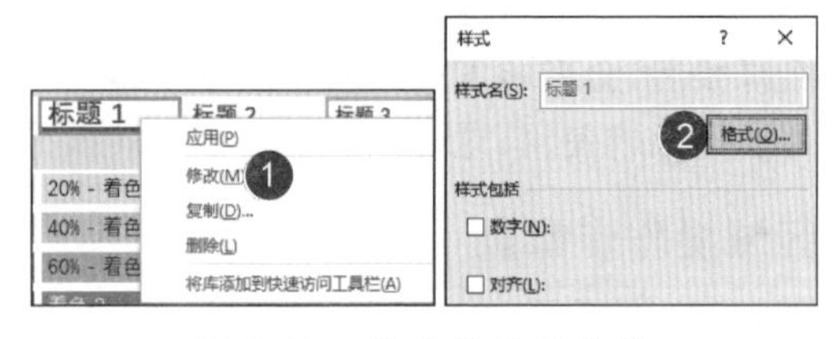

图 2-29　修改单元格样式

005.新建单元格样式

为了方便使用，可以为表格新建符合特定条件的单元格样式，如图 2-30 所示。

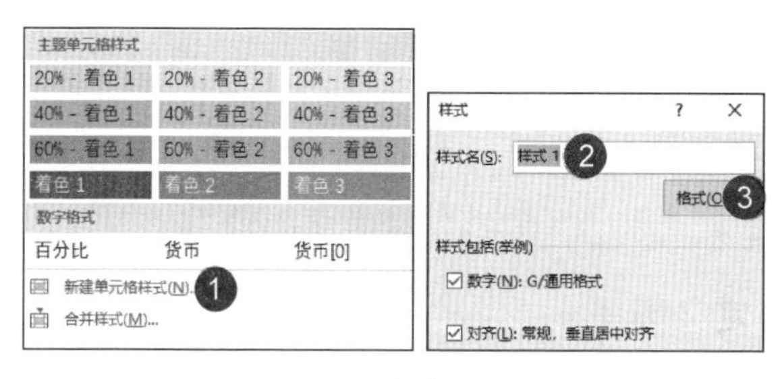

图 2-30　新建单元格样式

06.排序考点　　难度系数★★☆☆☆

001.常规考点

排序关键字、排序依据、排序次序。

002.复杂多条件排序

题目要求：订单编号数值标记为紫色（标准色）字体，然后将其排列在销售订单列表区域的顶端，将“销售订单”工作表的“订单编号”列按照数值升序方式排序。

【多条件排序操作步骤】

先在排序对话框点击添加条件，增加【次要关键字】。

【主要关键词】设置为订单编号→【排序依据】选择字体颜色→【次序】选择紫色；

【次要关键词】设置为订单编号→【排序依据】选择单元格值→【次序】选择升序，如图 2-31 所示。

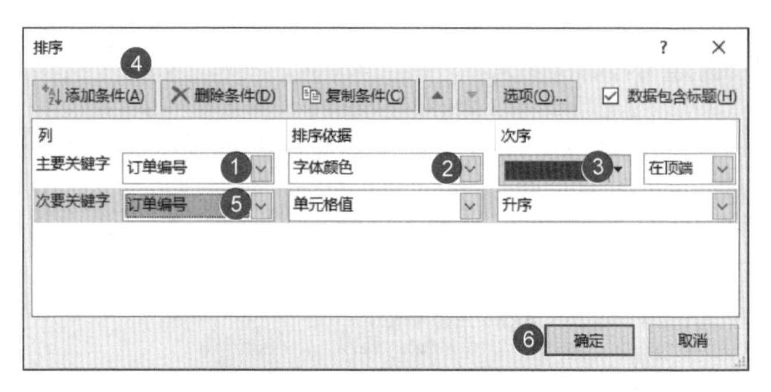

图 2-31　多条件排序

003.自定义排序

题目要求：依据自定义序列“研发部→物流部→采购部→行政部→生产部→市场部”的顺序进行排序。

【自定义排序操作步骤】

点击【排序和筛选】按钮→【自定义排序】→【主要关键字】设置为部门→【次序】选择自定义序列→输入题目要求的序列→单击【添加】，如图 2-32 所示。

图 2-32　自定义排序

特别提醒：输入序列时用英文标点下的逗号或者回车分隔。

004.导入自定义序列

题目要求：将透视表按照网页“第六次人口普查公报.htm”中所示数据表的地区顺序进行排序。

【导入自定义序列操作步骤】

【文件】选项卡→【选项】→点击【高级】→点击【编辑自定义列表】→选择地区区域→单击【导入】→再选择【升序】排序，如图 2-33 所示。

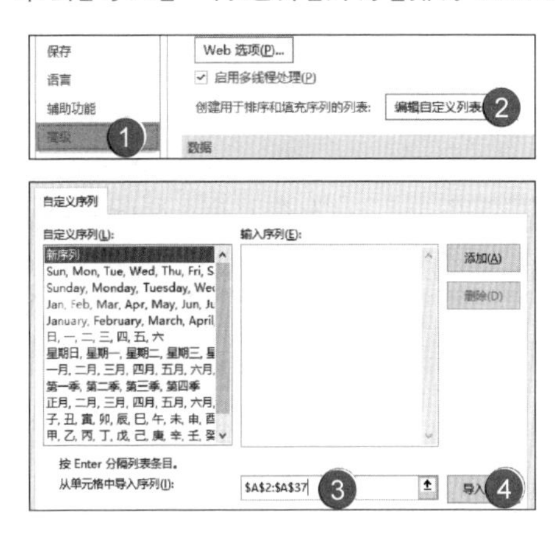

图 2-33　导入自定义序列

07.筛选考点　　难度系数★★★☆☆

筛选分为自动筛选和高级筛选，其中高级筛选为难点。（考频：12 次）

001.常规考点

数字筛选、文本筛选、多条件筛选，如图 2-34 所示。

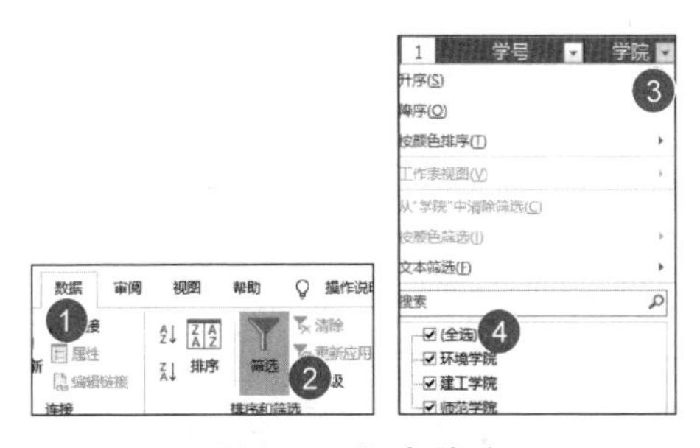

图 2-34　数字筛选

002.高级筛选

高级筛选要注意设置列表区域、条件区域、复制到的区域。

【高级筛选操作步骤】

【数据】选项卡→【排序和筛选】组→点击【高级】→在【列表区域】选择需要筛选的数据源区域→在【条件区域】框选择筛选条件所在的区域→将筛选结果【复制到】其他位置，如图 2-35 所示。

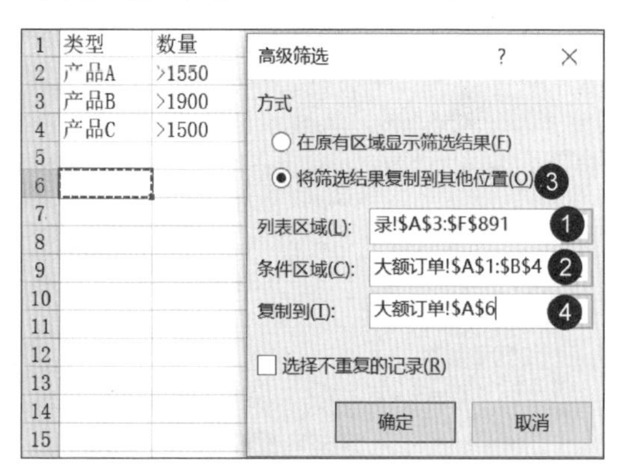

图 2-35　高级筛选

特别提醒：

1.难点在于条件的书写，同行表示“且”，不同行表示“或”。

2.高级筛选应该在结果所在的表中进行。

08.查找和选择考点　　难度系数★★★☆☆

001.替换

题目要求：将 B 列中所有的“M”替换为“男”，所有的“F”替换为“女”。

【替换操作步骤】

选择 B 列→【开始】选项卡→点击【查找和选择】按钮→选择【替换】→【查找内容】输入“M”→【替换为】输入“男”→点击【全部替换】，如图

2-36 所示。

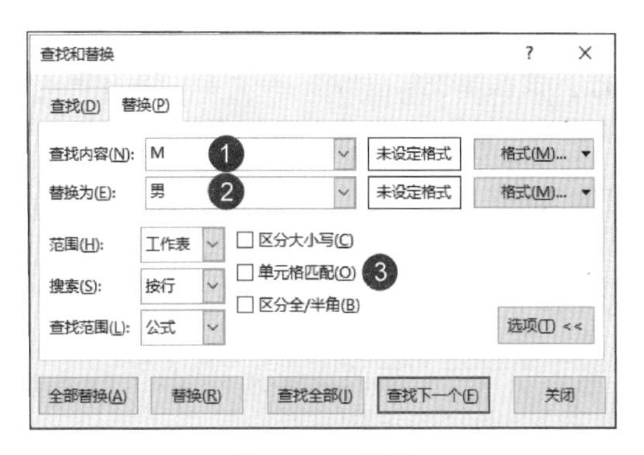

图 2-36　替换

特别提醒：若勾选【单元格匹配】，则单元格内容和查找内容完全一致才能被替换。

002.批量填充

题目要求：将表格数据区域中所有空白单元格填充数字 0。

【定位条件操作步骤】

选中空白单元格所在区域→【开始】选项卡→点击【查找和选择】按钮→选择【定位条件】→查找选择【空值】→输入“0”→按【Ctrl＋Enter】进行批量填充，如图 2-37 所示。

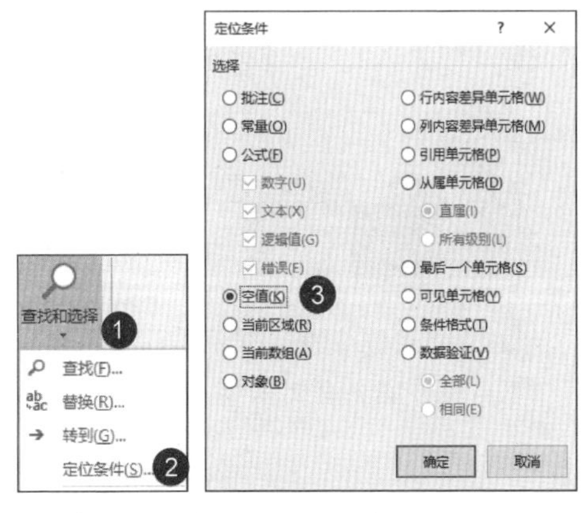

图 2-37　定位条件

特别提醒：

1.定位完成后光标不要点击其他地方，输入结果之后，一定要按【Ctrl+Enter】进行批量填充。

2.定位错误值的方法与之类似，从公式中勾选【错误值】。

09.导入外部数据考点　　　　难度系数★★★☆☆

001.自文本导入

题目要求：将以制表符分隔的文本文件"学生档案.txt"自 A1 单元格开始导入到工作表"初三学生档案"中。

【自文本导入操作步骤】

选择 A1 单元格→【数据】选项卡→【自文本】→找到要导入的文件→选中文件→导入→文件原始格式中选择任意一种简体中文→【下一步】→选择合适的分隔符号（下方的数据预览就能看到数据根据"分隔符号"分开效果）→下一步→设置各列数据类型，如图 2-38 所示。

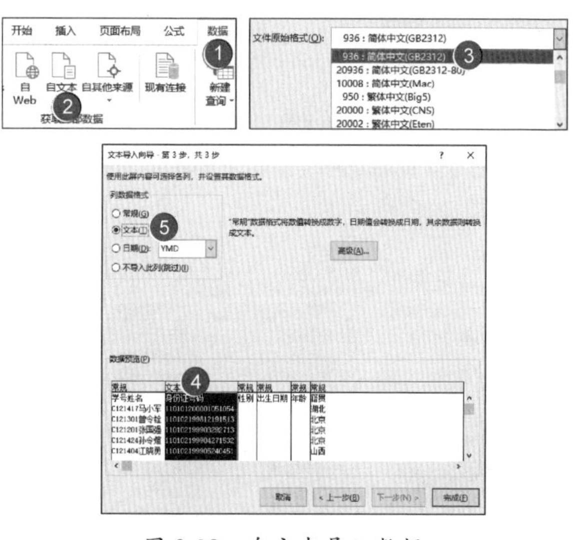

图 2-38　自文本导入数据

特别提醒：

1.导入时若有身份证号、学号这样的文本列（数字长度超过 11 位），切记先将格式设为文本再完成导入。

2.除了自 TXT 文本导入文件之外，还可以自 CSV 文件导入，做法与上述操作一致。

002.现有连接导入

题目要求：导入网页“第五次全国人口普查公报.htm”中的表格数据，取消导入的数据表与外部数据源的所有连接关系。

【现有连接导入操作步骤】

【数据】选项卡→【现有连接】→点击左下角按钮【浏览更多】→找到文件→【导入】→点击【转到】→勾选要导入的表格→导入完成后点击【连接】→点击【删除】按钮，如图 2-39 所示。

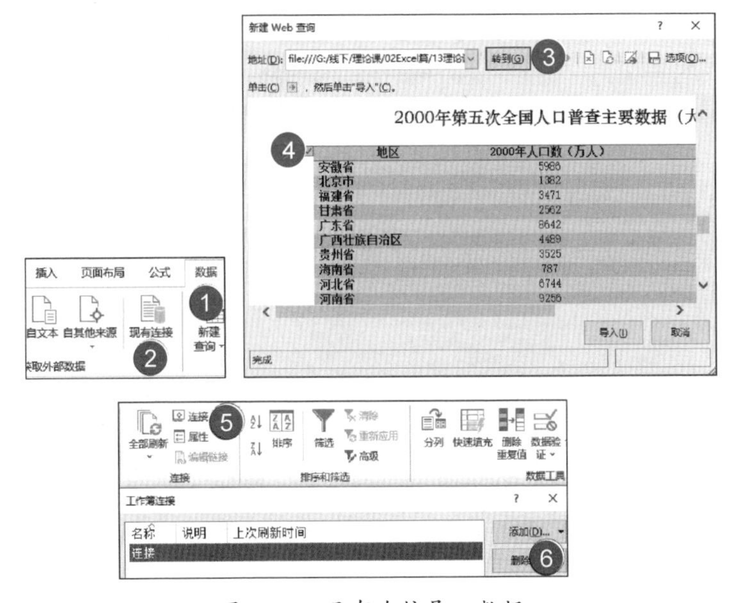

图 2-39　现有连接导入数据

10.获取和转换数据(Power Query)　难度系数★★★☆☆

获取和转换数据是 Excel 2016 内置的一组强大的功能，能对数据源进行连接、组合、优化等操作，满足不同的分析需求。

001.获取数据

Power Query 可从多种渠道获取数据、例如：从表格、从工作簿、从文本、从文件夹。

【获取数据操作步骤】

【数据】选项卡→【获取和转换】组→选择获取数据渠道，即可打开 Power Query 编辑器，如图 2-40 所示。

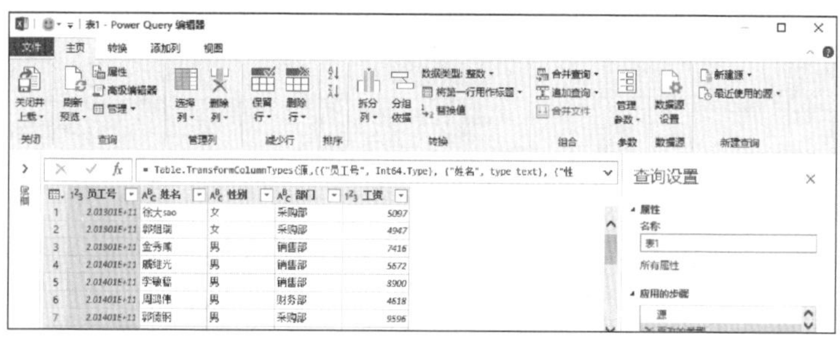

图 2-40 获取数据

002.整理数据

Power Query 编辑器中可对导入的数据进行整理和转换。

【行列操作步骤】

【主页】选项卡→【管理列】和【减少行】组可对行列进行调整，如图 2-41 所示。

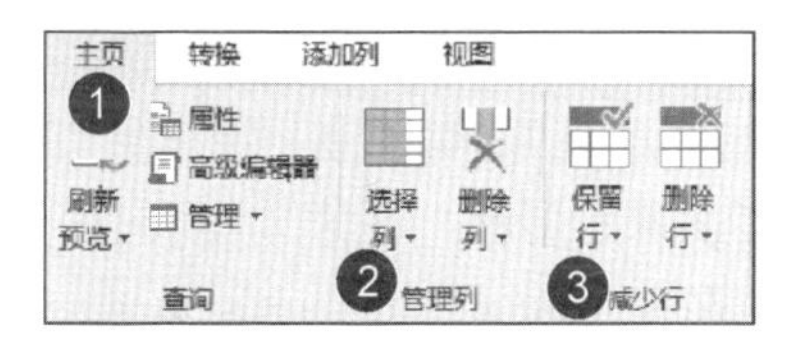

图 2-41　行列操作

【拆分列操作步骤】

题目要求:将地区和人口数分成两列显示。

【主页】选项卡→【拆分列】下拉按钮打开→选择【按照从非数字到数字的转换】,如图 2-42 所示。

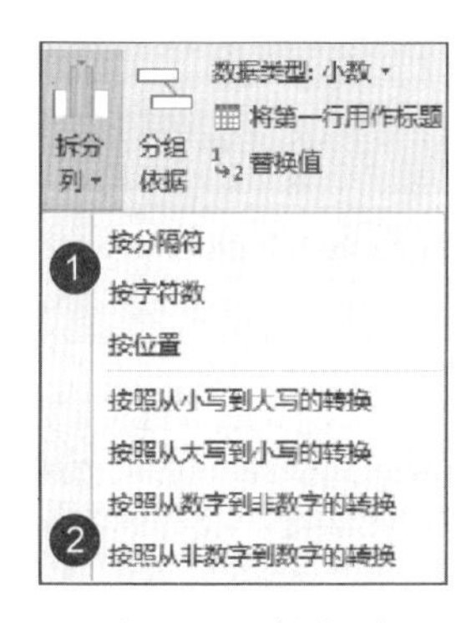

图 2-42　拆分列

【转换和修改数据格式操作步骤】

数据类型中可对数字格式进行修改,类似于 Excel 中设置单元格格式。若数据未添加标题行,可使用【将第一行用作标题】功能,如图 2-43 所示。

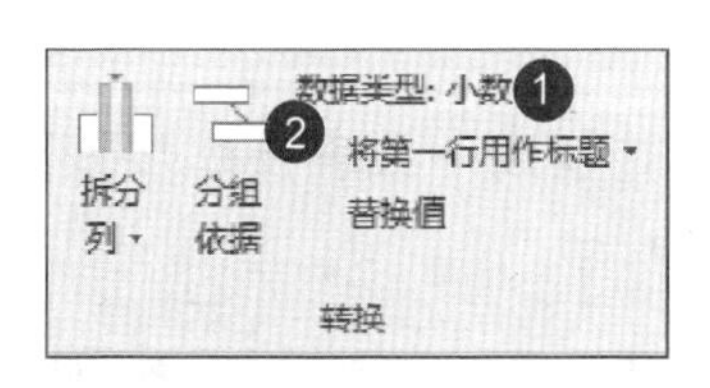

图 2-43　转换和修改数据格式

【查询设置】

在查询设置中可设置表名称。在 Power Query 中如需回到上一步操作,不能采用撤销,需在应用的步骤中删除多余步骤,如图 2-44 所示。

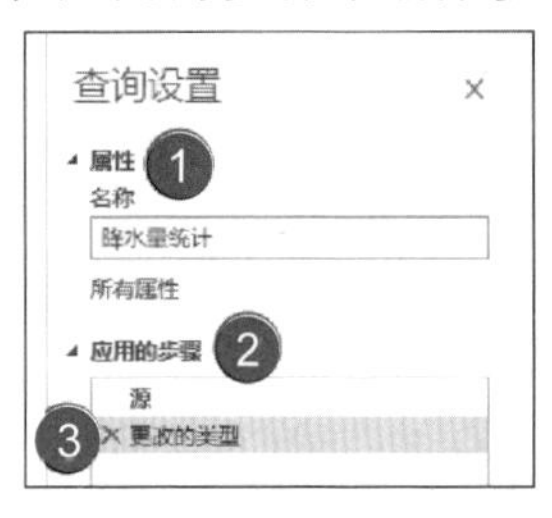

图 2-44 查询设置

【提取文本考点】

【转换】选项卡→点击【提取】下拉箭头可以选择采用多种方式提取文本,如图 2-45 所示。

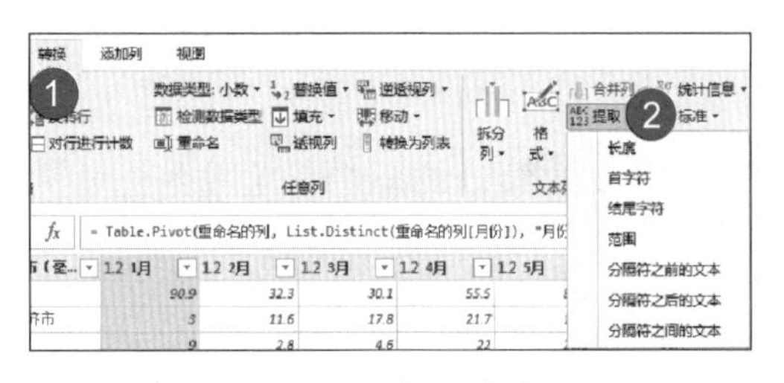

图 2-45 提取文本

003.逆透视列和透视列

逆透视列和透视列可以将表格由一维与二维表之间相互转换,逆透视列和透视列是两个相反的功能。

【表格由二维表转换成一维表操作步骤】

选中城市列→【转换】选项卡→点击【逆透视列】下拉按钮→选择【逆透视其他列】,即可将二维表转化成一维表,如图 2-46 所示。

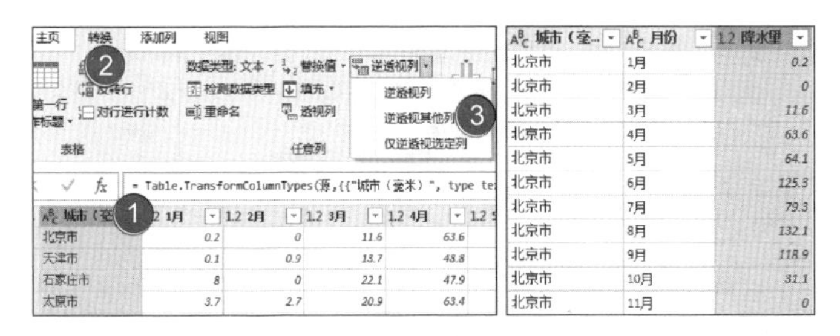

图 2-46　表格由二维表转换成一维表

【表格由一维表转换成二维表操作步骤】

选中月份这列→【转换】选项卡→选择【透视列】→值列选择【降水量】→点击【确定】,即可实现一维表转换成二维表,如图 2-47 所示。

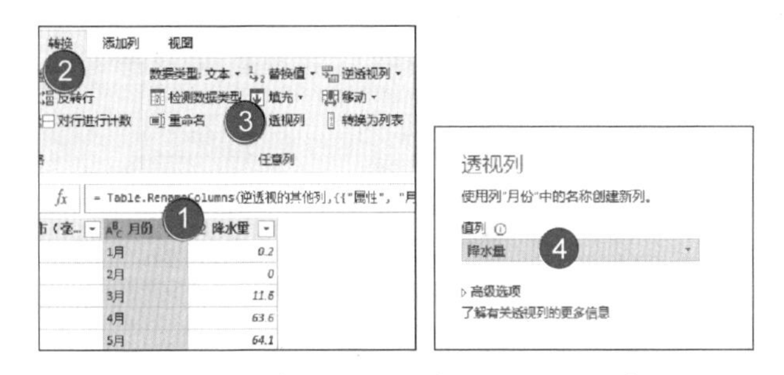

图 2-47　表格由一维表转换成二维表

004.追加查询

追加查询是将几个结构完全相同(列数和列标题均一致)的工作表组合到一起,并且可以实现随原表自动更新的功能。

题目要求:创建名为"工资汇总"的查询,将工作簿中 sheet1-3 的数据合并到该查询中。

【追加查询操作步骤】

【数据】选项卡→点击【新建查询】→点击【从文件】选择【从工作簿】→找对应工作簿→勾选【选择多项】→勾选对应工作表→点击【转换数据】,如图 2-48 所示。

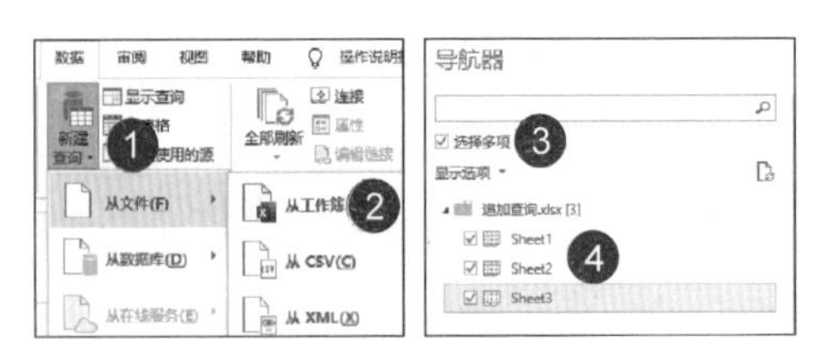

图 2-48 追加查询 1

在打开的 Power Query 编辑器中→点击【主页】选项卡→点击【追加查询】下拉按钮→选择【将查询追加为新查询】,如图 2-49 所示。

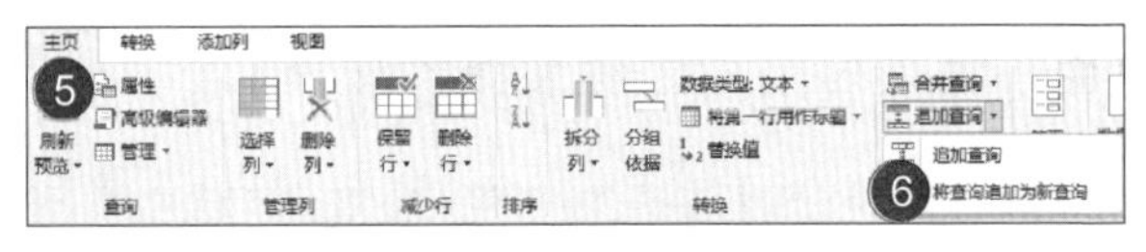

图 2-49 追加查询 2

选择【三个或更多表】→将三个工作表都添加到【要追加的表】中→点击【确定】,如图 2-50 所示。

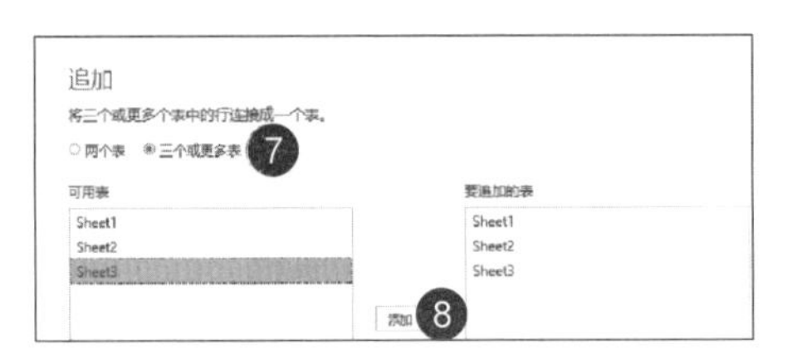

图 2-50 追加查询 3

点击【关闭并上载】,即可将查询追加至原工作簿中,最后删除多余工作表,修改工作表名称即可完成操作,如图 2-51 所示。

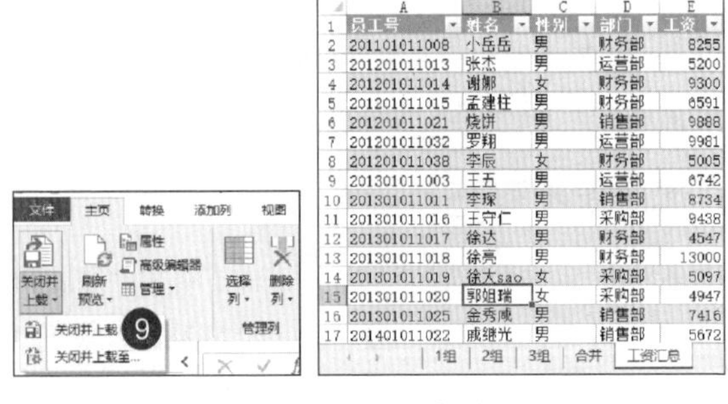

	A	B	C	D	E
1	员工号	姓名	性别	部门	工资
2	201101011008	小岳岳	男	财务部	8255
3	201201011013	张杰	男	运营部	5200
4	201201011014	谢娜	女	财务部	9300
5	201201011015	孟建柱	男	财务部	6591
6	201201011021	烧饼	男	销售部	9888
7	201201011032	罗翔	男	运营部	9981
8	201201011038	李辰	女	财务部	5005
9	201301011003	王五	男	运营部	6742
10	201301011011	李琛	男	销售部	8734
11	201301011016	王守仁	男	采购部	9438
12	201301011017	徐达	男	财务部	4547
13	201301011018	徐亮	男	财务部	13000
14	201301011019	徐大sao	女	采购部	5097
15	201301011020	郭姐瑞	女	采购部	4947
16	201301011025	金秀咸	男	销售部	7416
17	201401011022	戚继光	男	销售部	5672

图 2-51 追加查询 4

005.合并查询

合并查询是将两个结构不同的工作表组合到一起，参与合并的工作表需要有一个相同的列作为合并的关键字段，合并两个现有查询创建新的查询。

【合并查询操作步骤】

先根据不同来源创建查询，并上载链接至本工作簿中→点击【数据】选项卡→点击【新建查询】下拉箭头→选择【合并查询】点击【合并】，如图 2-52 所示。

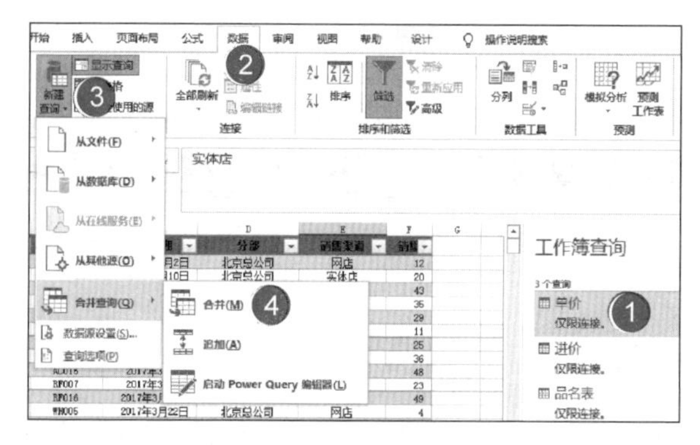

图 2-52　合并查询 1

在打开的 Power Query 编辑器中点击【合并查询】，如图 2-53 所示。

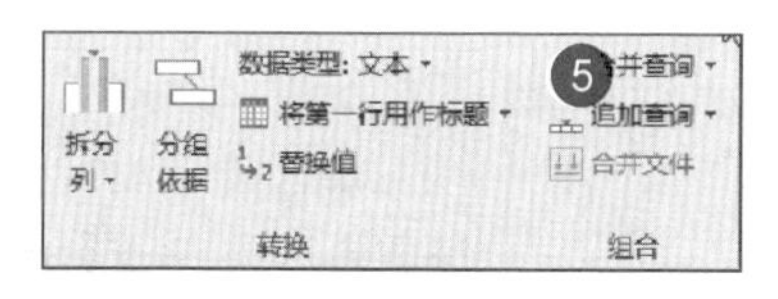

图 2-53　合并查询 2

选择链接的表名→选择相同列的字段→【链接种类】选择【左外部】，单击【确定】按钮→再重复添加合并查询，选择另一个需链接的表。最后将合并结果加载到 Excel 工作表中即可完成操作，如图 2-54 所示。

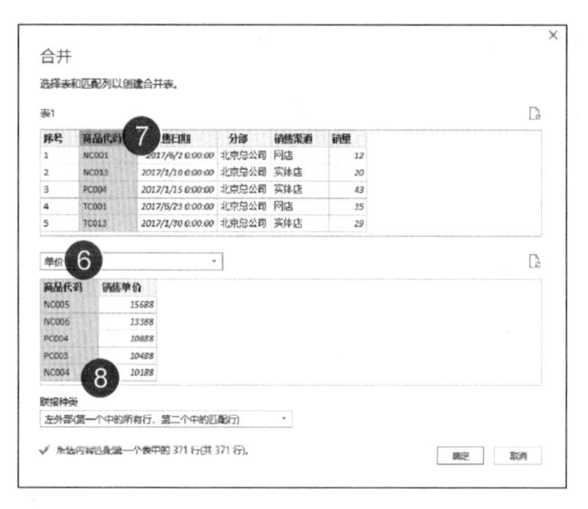

图 2-54　合并查询 3

11.创建和管理数据(Power Pivot)　难度系数★★★☆☆

Power Pivot 是一种数据建模技术，用于创建数据模型、建立关系以及创建计算。

001.调用 Power Pivot

【文件】选项卡→点击【选项】→选择【加载项】→点击【COM 加载项】点击【转到】→勾选【Microsoft Power Pivot for Excel】→点击【确定】按钮，如图 2-55 所示。

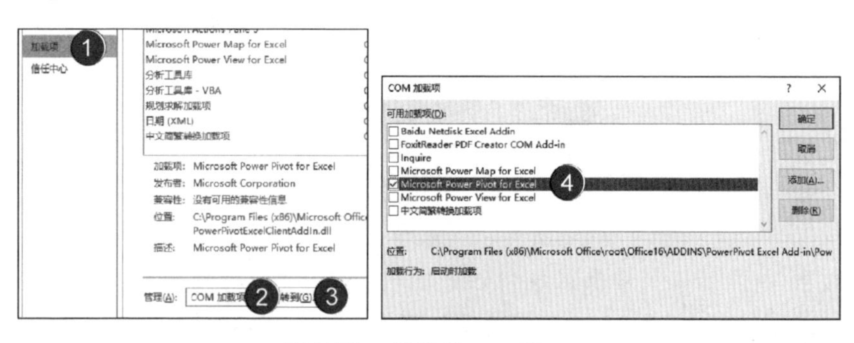

图 2-55　调用 Power Pivot

002.添加数据模型

【Power Pivot】选项卡→点击【添加到数据模型】,如图 2-56 所示。

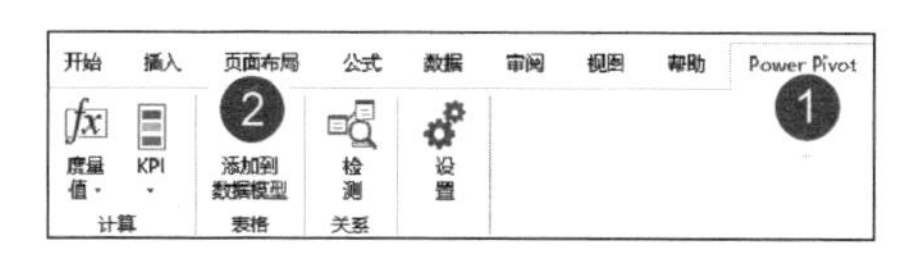

图 2-56　添加数据模型

003.添加计算列

添加列求销售额,销售额列输入公式=销售单价＊销量(类似于输入 Excel 公式),如图 2-57 所示。

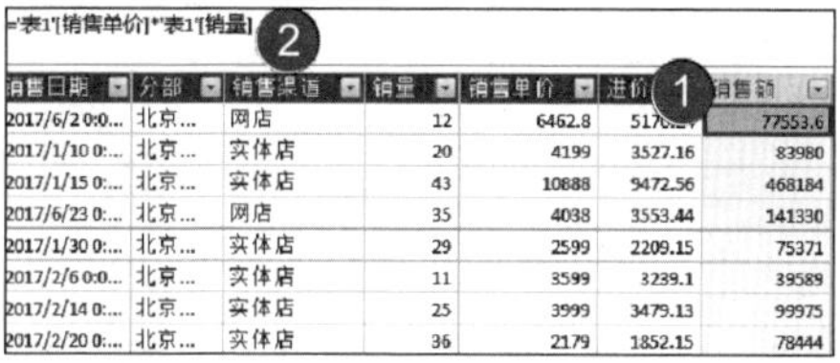

='表1'[销售单价]*'表1'[销量]

销售日期	分部	销售渠道	销量	销售单价	进价	销售额
2017/6/2 0:0...	北京...	网店	12	6462.8	5170...	77553.6
2017/1/10 0:...	北京...	实体店	20	4199	3527.16	83980
2017/1/15 0:...	北京...	实体店	43	10888	9472.56	468184
2017/6/23 0:...	北京...	网店	35	4038	3553.44	141330
2017/1/30 0:...	北京...	实体店	29	2599	2209.15	75371
2017/2/6 0:0...	北京...	实体店	11	3599	3239.1	39589
2017/2/14 0:...	北京...	实体店	25	3999	3479.13	99975
2017/2/20 0:...	北京...	实体店	36	2179	1852.15	78444

图 2-57　添加计算列

004.添加新表至数据模型

【数据】选项卡→【获取和转换】组点击【显示查询】→在工作表查询中选择【品名表】→选择【加载到】,如图 2-58 所示。

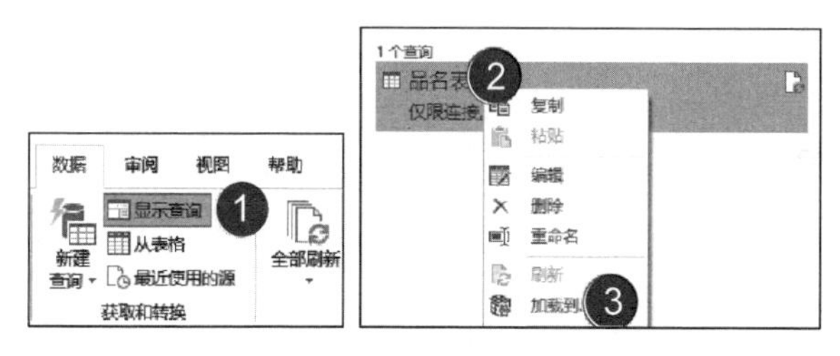

图 2-58　添加到数据模型

005.在表之间创建关系

题目要求：在数据模型表“2000 年”和“2010 年”之间关系，并且自 B3 单元格开始创建数据透视表。

【创建关系操作步骤】

【主页】选项卡→点击【关系图视图】，选择对应表名称，选择相同名称的列，点击【确定】→点击【主页】选项卡→创建【数据透视表】，如图 2-59 所示。

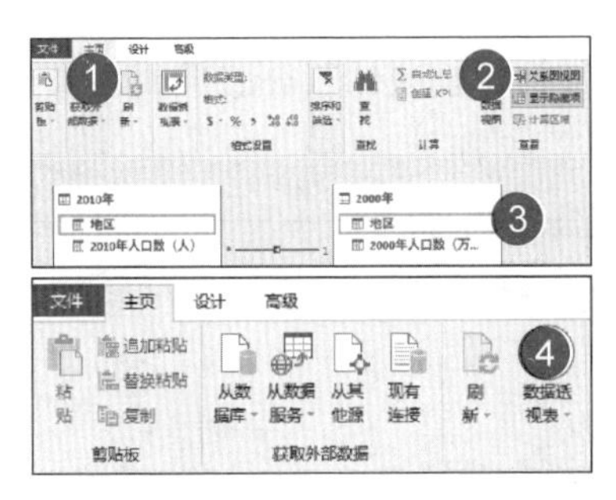

图 2-59　创建关系

12.数据工具考点　　难度系数★★★☆☆

001.分列考点

题目要求：将第 1 列数据从左到右依次分成“学号”和“姓名”两列显示。

【分列操作步骤】

在 A 列右侧插入空列→点击【数据工具】组中的【分列】→第一步选【固定宽度】→点击【下一步】→第二步在对应地方单击鼠标进行分列→点击【下一步】→点击【完成】，如图 2-60 所示。

特别提醒：分列前一定要先在右侧插入空列。

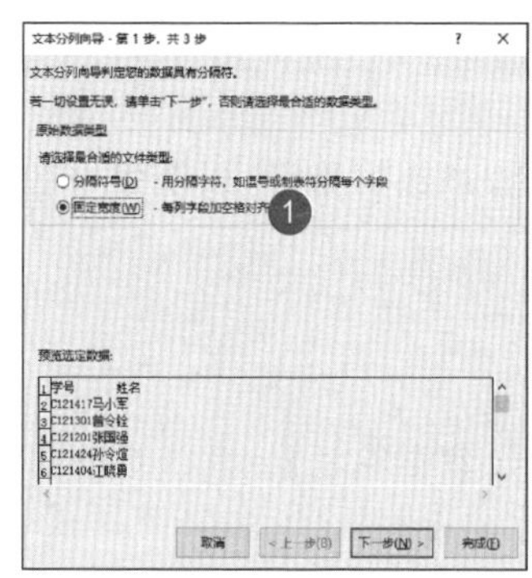

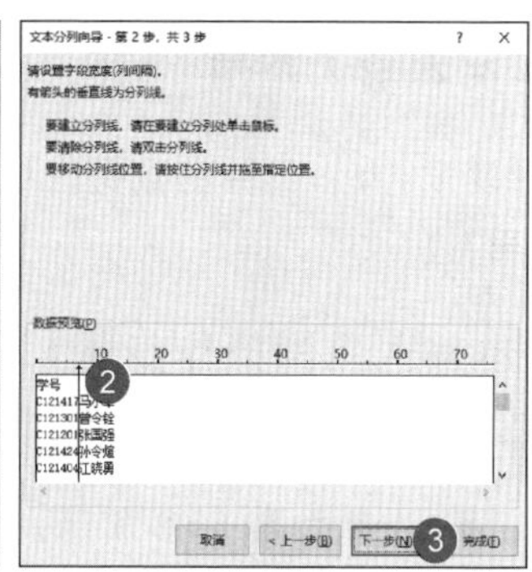

图 2-60　分列

002.数据验证常规考点

数据验证主要考核允许输入条件、输入信息、出错警告。
条件：小数、整数、序列、文本长度、自定义。
出错警告三种样式：停止、警告、信息。

003.数值输入范围

题目要求：面试分数的范围为 0～100 之间整数(含本数)。

【数值输入范围操作步骤】

【数据】选项卡→打开【数据验证】→【允许】选择【整数】→【数据】选择【介于】→【最小值】参数框输入最小值“0”→【最大值】参数框输入“100”，如图 2-61 所示。

图 2-61　数值输入范围

004.文本输入范围

题目要求:为B列中的数据区域添加数据验证,以便仅可在其中输入数据“男”或“女”。

【文本输入范围操作步骤】

选中B列→【数据】选项卡→打开【数据验证】→允许选择【序列】→来源输入“男,女”,如图2-62所示。

图2-62　文本输入范围

特别提醒:“男,女”中间的逗号是在英文标点状态下输入的。

005.为单元格输入提示信息

题目要求:在设置性别数据序列时,提示只能输入“男,女”。

【提示信息操作步骤】

完成【允许】输入信息后→切换到【输入信息】→【标题】文本框中输入提示信息的标题→【输入信息】文本框中输入具体的提示信息,如图2-63所示。

图 2-63　单元格输入提示信息

006.设置出错警告信息

【设置出错警告操作步骤】

点击【出错警告】→【样式】→选择【停止】→【标题】文本框中输入警告信息标题→【错误信息】文本框中输入具体的错误原因以及提示，如图 2-64 所示。

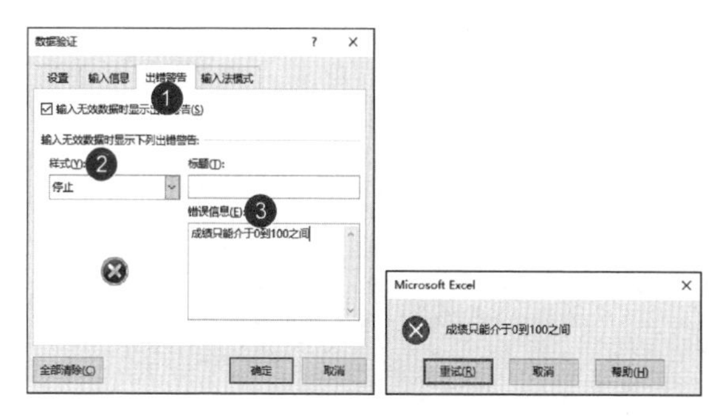

图 2-64　出错警告

007.合并计算

合并计算是指将多个相似格式的工作表或数据区域，按照指定的方式进行自动匹配计算。

【合并计算操作步骤】

【数据】选项卡→【合并计算】→选择计算函数→点击【引用按钮】选择数据→点击【添加】按钮→勾选【首行】和【最左列】,如图 2-65 所示。

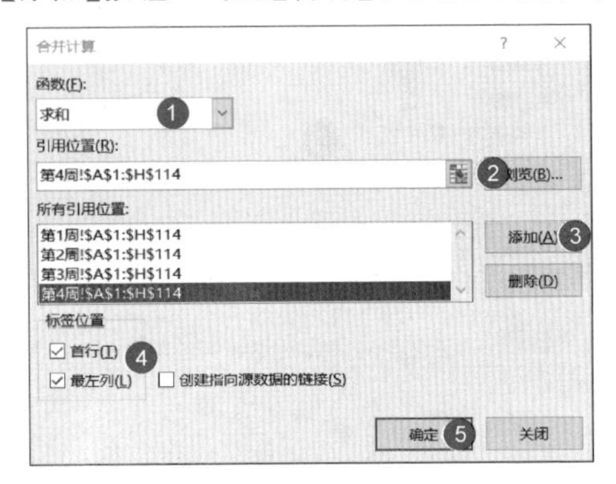

图 2-65　合并计算

特别提醒:如果想让合并后的数据随源数据更新而自动更新,可勾选“创建指向源数据的链接”。

008.删除重复项

删除重复值是彻底删除重复内容所在的行。

【删除重复项操作步骤】

定位到任意单元格→【数据】选项卡→点击【删除重复项】→【取消全选】→勾选需要去掉重复值的字段,如图 2-66 所示。

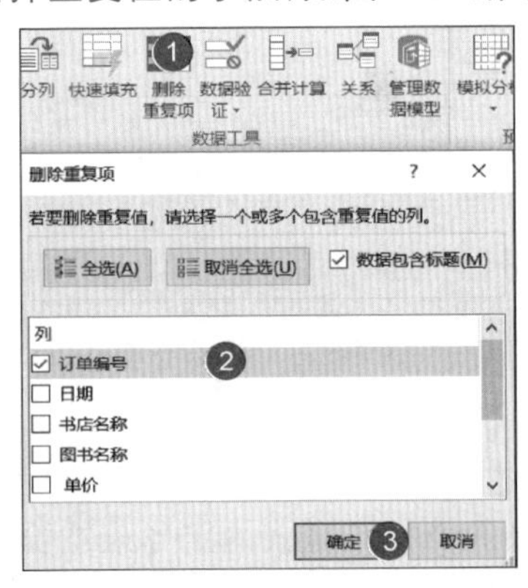

图 2-66　删除重复项

13.模拟分析考点　　难度系数★★★★☆

模拟分析是指通过更改单元格中的值来查看这些更改对工作表中公式结果的影响的过程。

001.常规考点

模拟运算表、方案管理器、方案摘要。

002.模拟运算表

题目要求：要在工作表“经济订货批量分析”的单元格区域 B7:M27 创建模拟运算表，模拟不同的年需求量和单位年储存成本所对应的不同经济订货批量，其中 C7:M7 为年需求量可能的变化值，B8:B27 为单位年储存成本可能的变化值，使用模拟运算表。

【模拟运算表操作步骤】

在运算表第一个单元格输入公式→选中数据区域→【数据】选项卡→点击【模拟分析】→选择【模拟运算表】→引用数据模型中对应的行、列单元格，如图 2-67 所示。

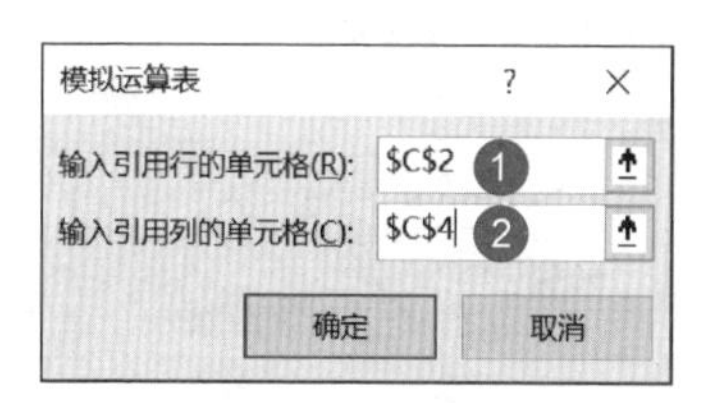

图 2-67　模拟运算表

003.方案管理器

创建分析方案，首先需要在工作表中输入基础数据与公式。数据表需要包含多个变量单元格，以及引用了这些变量单元格的公式。

【方案管理器操作步骤】

选择可变单元格所在的区域→【数据】选项卡→点击【模拟分析】→选择【方案管理器】→点击【添加】→在【方案名】输入方案名称→【可变单元格】框中选择变量的单元格区域→输入每个数据，如图 2-68 所示。

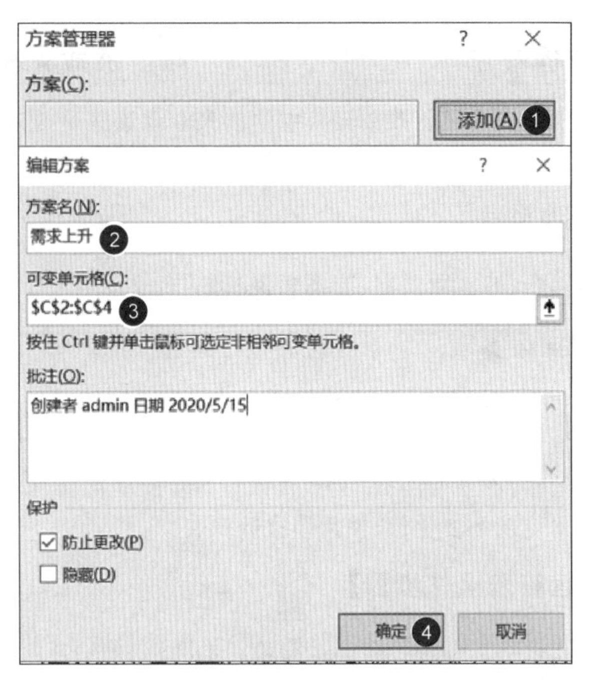

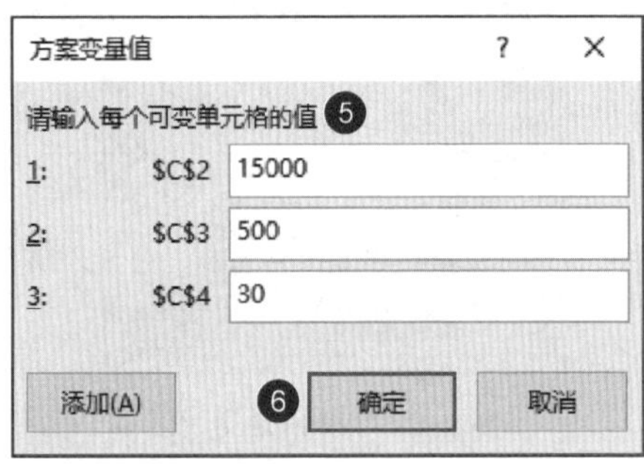

图 2-68　方案管理器

004.方案摘要

题目要求：在工作表中，以 C5 单元格为结果单元格创建方案摘要。

【方案摘要操作步骤】

【数据】选项卡→点击【模拟分析】→选择【方案管理器】→点击【摘要】→【结果单元格】区域引用数据模型中包含公式的单元格，如图 2-69 所示。

方案摘要	当前值:	需求下降	需求持平	需求上升
可变单元格:				
年需求量	15000	10000	15000	20000
单次订货成本	500	600	500	400
单位年储存成本	30	35	30	27
结果单元格:				
经济订货批量	707	586	707	770

注释："当前值"这一列表示的是在
建立方案汇总时，可变单元格的值。
每组方案的可变单元格均以灰色底纹突出显示。

图 2-69　方案摘要

14.分类汇总考点　　难度系数★★★☆☆

基本考点：分类字段、汇总方式、选定汇总项、数据不分页。

题目要求：通过分类汇总功能求出各部门"应付工资合计""实发工资"的和，每组数据不分页。

【分类汇总操作步骤】

按照【分类字段】进行排序→【数据】选项卡→【分类汇总】→选择【分类字段】→选择【汇总方式】→选定汇总项→取消勾选【每组数据分页】，如图 2-70 所示。

图 2-70　分类汇总

特别提醒：

1.分类汇总之前先按分类字段进行排序。

2.如果分类汇总是灰色的，则说明套用了表格样式。选中表格→单击右键→【表格】→【转换为区域】。

15.页面布局考点　　难度系数★★☆☆☆

001.纸张设置

包括对页边距，纸张大小及方向等内容的设置。

002.调整工作表

题目要求：调整整个工作表为 1 页宽、1 页高。

【调整工作表操作步骤】

【页面布局】选项卡→【页面设置】组右下角对话框按钮→【调整为】1 页宽、1 页高，如图 2-71 所示。

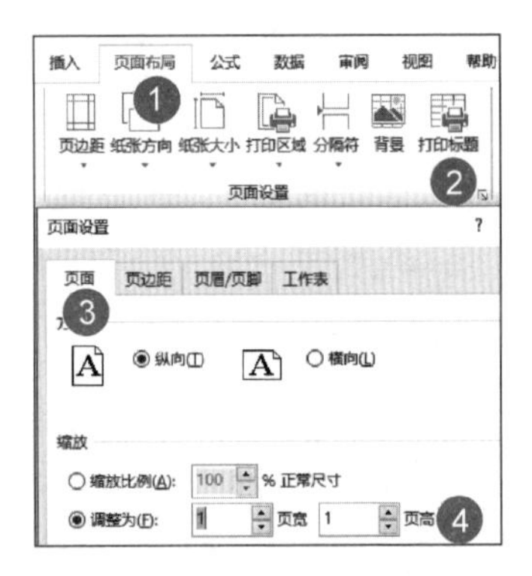

图 2-71　调整工作表

003.调整缩放比例

题目要求：将缩放比例设置为正常尺寸的 200%。

【调整缩放比例操作步骤】

【页面布局】选项卡→【页面设置】组右下角对话框按钮→【页面】组→【缩放比例】设置为 200%，如图 2-72 所示。

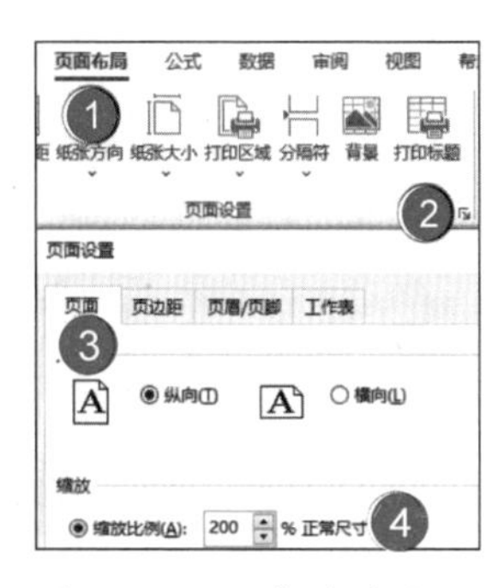

图 2-72　调整缩放比例

004.调整对齐方式

题目要求：将打印内容在页面中水平和垂直方向都居中对齐，并将页眉到上边距的距离值设置为 3。

【调整对齐方式操作步骤】

【页面布局】选项卡→【页面设置】组右下角对话框按钮→【页边距】组→居中方式勾选【水平】和【垂直】→【上页边距】设置为 3，如图 2-73 所示。

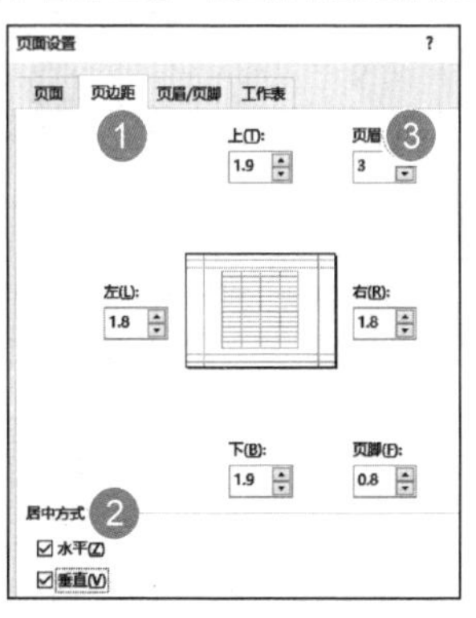

图 2-73　调整对齐方式

005.设置打印区域

打印时只打印规定的数据区域。

【设置打印区域操作步骤】

选中要打印的数据区域→【页面布局】选项卡→【打印区域】→【设置打印区域】,如图 2-74 所示。

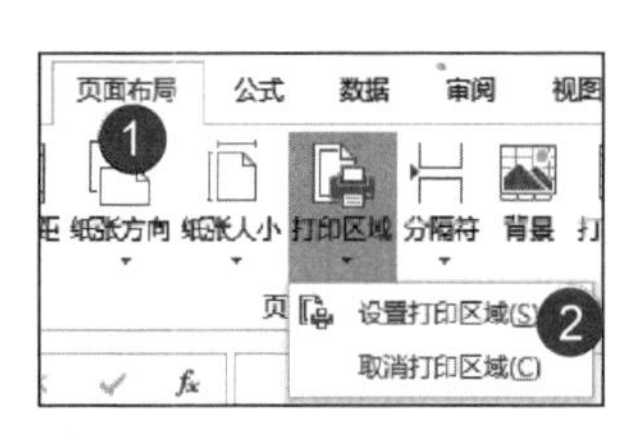

图 2-74 设置打印区域

006.打印标题行

题目要求:设置标题行在打印时可以重复出现在每页顶端。

【打印标题行操作步骤】

【页面布局】选项卡→【打印标题】→顶端标题行选择表格标题行,如图 2-75 所示。

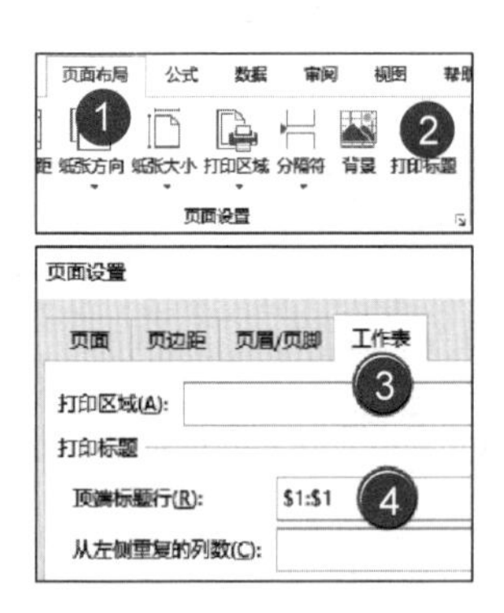

图 2-75 打印标题行

007.页眉页脚

题目要求:为工作表添加页眉和页脚,页眉中间位置显示“成绩报告”文本,页脚样式为“第1页,共? 页”。

【页眉页脚操作步骤】

【页面布局】选项卡→页面设置下拉框→【页眉/页脚】→【自定义页眉】→中间输入【成绩报告】→页脚选择【第1页,共? 页】的样式,如图2-76所示。

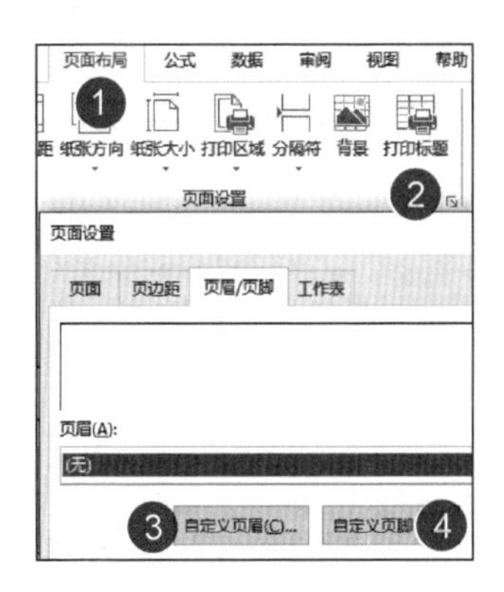

图2-76　页眉页脚

008.页面背景

题目要求:以考生文件夹下的图片“map.jpg”作为该工作表的背景。

【页面背景操作步骤】

【页面布局】选项卡→【背景】→找到图片所在位置→选择图片→【插入】,如图2-77所示。

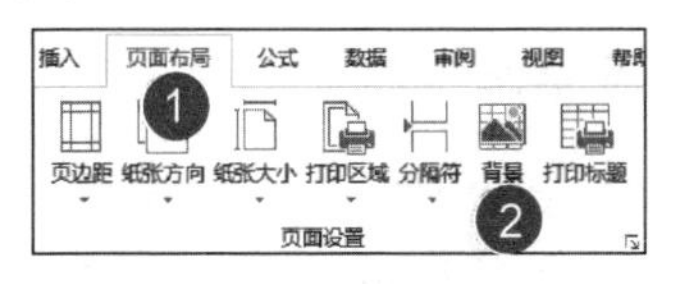

图2-77　设置页面背景

16.数据透视表考点　　难度系数★★★★☆

数据透视表主要考点：插入数据透视表，数据透视表分组功能、筛选和排序、数据透视表显示报表筛选页，值汇总方式、显示方式，按照标签进行排序，利用数据透视表将二维表转换成一维表。（考频：18 次）

001.插入数据透视表

【插入数据透视表操作步骤】

选中数据区域→【插入】选项卡→【数据透视表】→选择放置数据透视表的位置→选择相应的字段放置到行标签、列标签、值汇总区域、报表筛选区域，如图 2-78 所示。

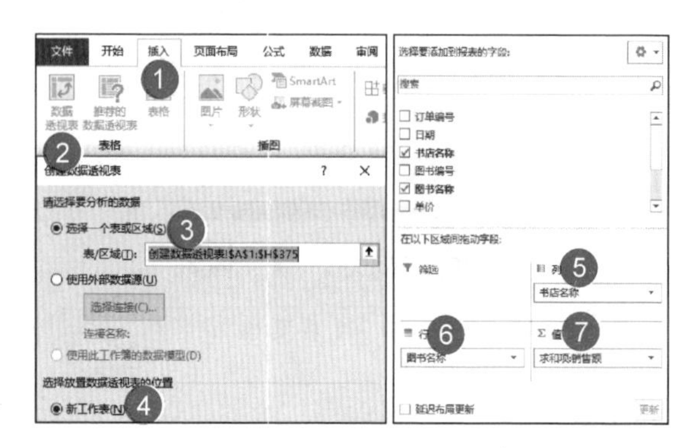

图 2-78　插入数据透视表

002.数据分组

数据透视表的数据分组主要分为两种：第一是对日期（按月、季度）；第二是对数值（求数值区间中的信息个数）。

【按日期数据分组操作步骤】

行标签设置为日期→选中任意一个日期单元格→单击右键→【组合】→弹出的【步长】选择“月”，如图 2-79 所示。

求和项:销量（本）	列标签			
行标签	博达书店	鼎盛书店	隆华书店	总计
1月	485	912	311	1708
2月	238	697	210	1145
3月	186	655	674	1515
4月	555	400	381	1336
5月	324	696	777	1797
6月	726	555	196	1477
7月	466	760	374	1600
8月	503	448	566	1517
9月	480	575	715	1770
10月	183	864	343	1390
11月	361	554	369	1284
12月	583	351	401	1335
总计	5090	7467	5317	17874

图 2-79　按日期分组

【按数值数据分组操作步骤】

行标签设置为数值→选中任意一个数值单元格→单击右键→【组合】→按照题目要求设置【起始于】、【终止于】、【步长】，如图 2-80 所示。

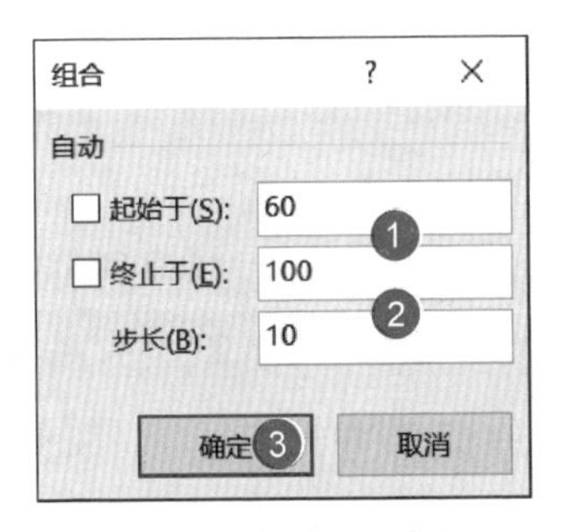

图 2-80　按数值分组

003.数据透视表筛选和排序

题目要求：透视表中要求筛选出 2010 年人口数超过 5000 万的地区及其人口数。

【筛选操作步骤】

设置好数据透视表的字段→【行标签】的下拉箭头→【值筛选】→【大于】→输入条件，如图 2-81 所示。

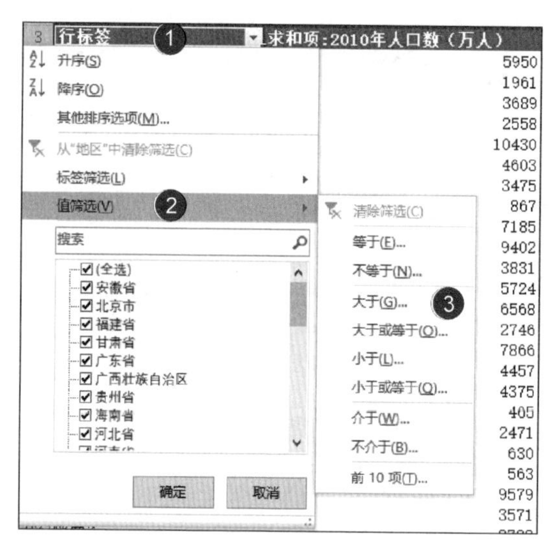

图 2-81　数据透视表筛选

【排序操作步骤】

选择需要排序的区域任意单元格→【数据】选项卡→按照题目要求排序。

004.数据透视表的汇总方式

数据透视表中的值字段数据按照数据源中的方式进行显示，且汇总方式为求和。实际上，可以根据需要修改数据的汇总方式和显示方式。

【数据透视表的汇总方式操作步骤】

单击【求和项字段名称】右侧的下拉箭头→【值字段设置】→值汇总方式或值显示方式→【计算类型】列表框中选择需要的汇总方式，如图 2-82 所示。

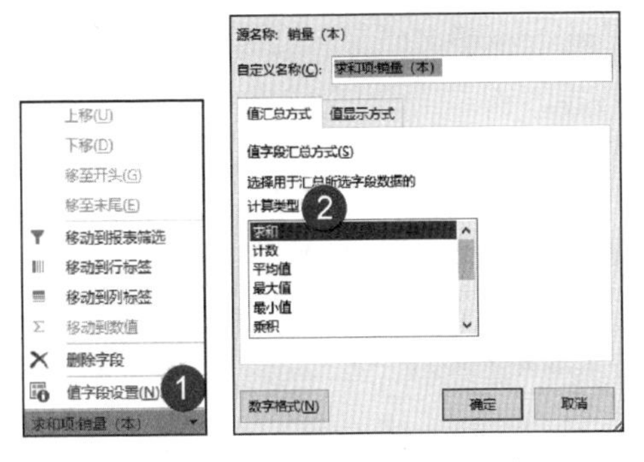

图 2-82　数据透视表的计算

005.数据透视表的显示

【数据透视表的显示操作步骤】

光标定位在数据透视表→【数据透视表工具/分析】选项卡→【显示】组→打开或关闭【字段列表】,【+/－按钮】,【字段标题】,如图 2-83 所示。

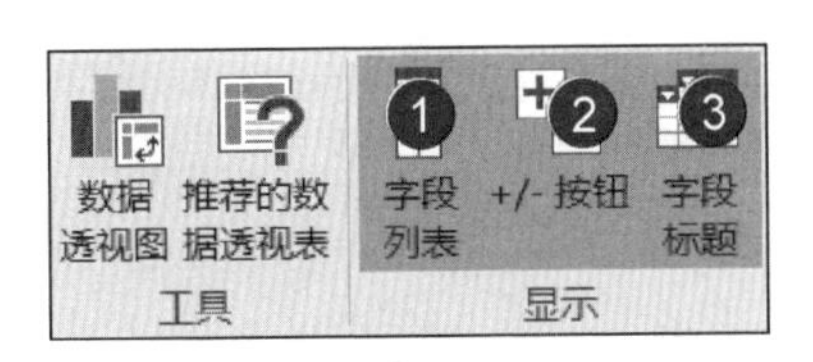

图 2-83　数据透视表的显示

006.值显示方式

题目要求:设置数据透视表值显示方式。

【值显示方式操作步骤】

选中要设置格式的整列→单击右键【值显示方式】→选择【总计的百分比】,如图 2-84 所示。

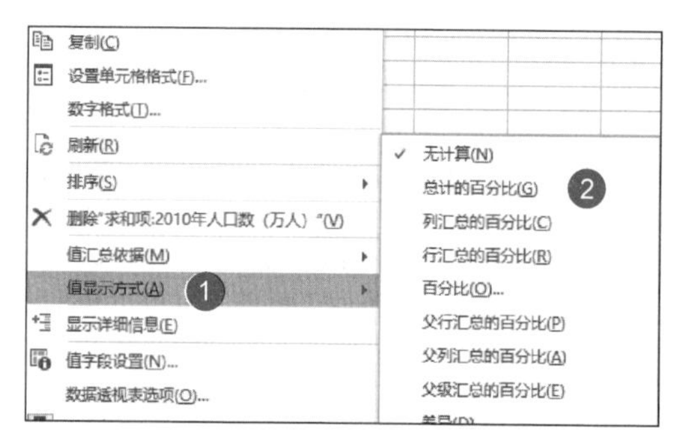

图 2-84　值显示方式

007.数据透视表布局

【不显示分类汇总操作步骤】

【数据透视表工具/设计】→【分类汇总】→【不显示分类汇总】，如图 2-85 所示。

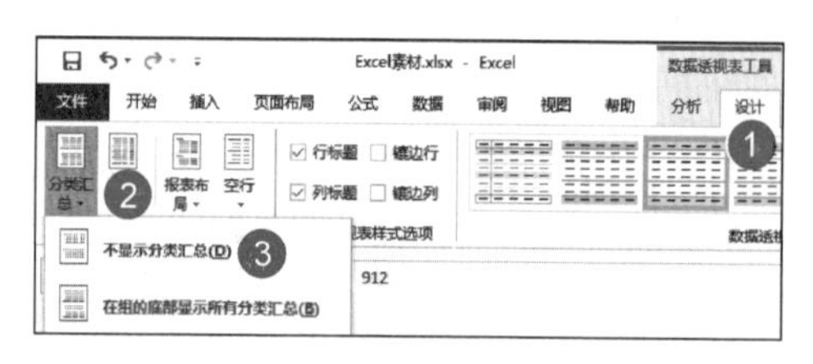

图 2-85　不显示分类汇总

【以表格形式显示操作步骤】

【数据透视表工具/设计】→【报表布局】→【以表格形式显示】，如图 2-86 所示。

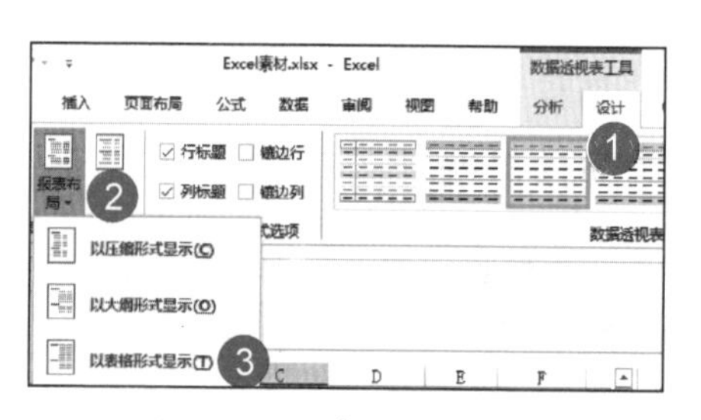

图 2-86　以表格形式显示

008.显示报表筛选页

题目要求：根据“订单明细”工作表中的销售记录，分别创建名为“北区”“南区”“西区”和“东区”的工作表，这 4 个工作表中分别统计本销售区域各类图书的累计销售金额。

【显示报表筛选页操作步骤】

行列标签设置好后→【所属区域】放在报表筛选→【数据透视表工具/分析】选项卡→【数据透视表】→【选项】→【显示报表筛选页】，如图 2-87 所示。

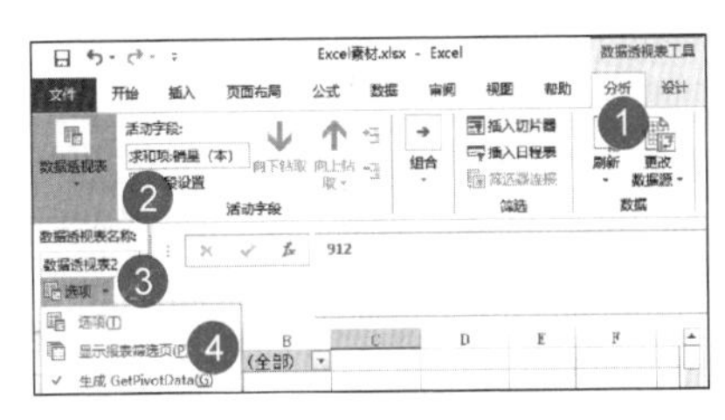

图 2-87　显示报表筛选页

009.插入切片器

题目要求：在 A1:E5 单元格区域中，为“学历”字段插入切片器，显示为 5 列 1 行。

【插入切片器操作步骤】

光标定位在数据透视表数据区域内→【数据透视表分析】→点击【插入切片器】按钮→勾选【学历】→调整列数为【5】，如图 2-88 所示。

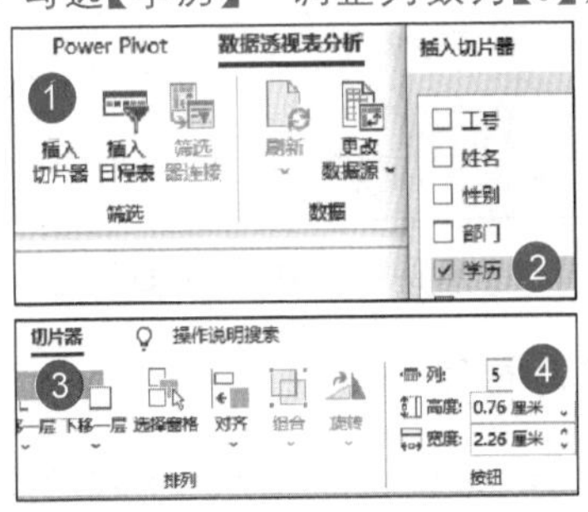

图 2-88　插入切片器

010.日程表

日程表是数据透视表对于时间的动态筛选工具,可快速更改日期/时间的范围。

【插入日程表操作步骤】

【数据透视表/分析】选项卡→点击【插入日程表】按钮→选择【日期】→点击【确定】即可,如图 2-89 所示。

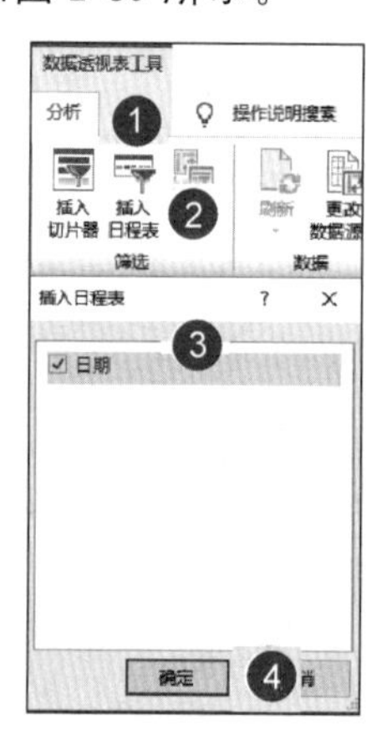

图 2-89　插入日程表

【日程表设置】

点击【日程表】右上角可选择时间级别,分别有年、季度、月、日四种。下方滚条可选择具体时间段,如图 2-90 所示。

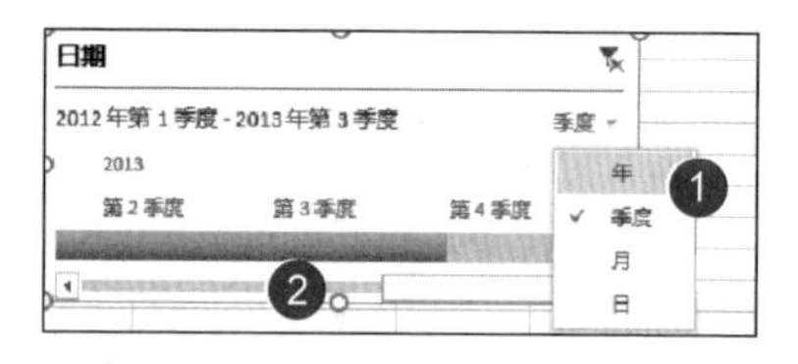

图 2-90　日程表设置

011.数据透视表向导

题目要求:数据透视表置于 A1:B16 单元格区域,可以显示每个城市 1—12 月 AQI 指数的平均值。

【数据透视表向导操作步骤】

按【Alt+D+P】打开数据透视表向导(注意:此处三键是分别按,并不是同时按)→【多重合并计算区域】→【下一步】→【自定义页字段】→【下一步】→【选定区域】中输入数据区域→【添加】→设置数据透视表中的页字段数目为 1→输入项目标签→【下一步】→设置数据透视表放置位置→【完成】,如图 2-91 所示。

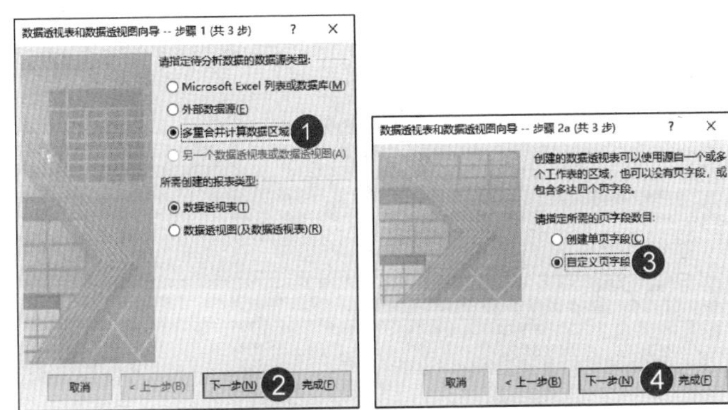

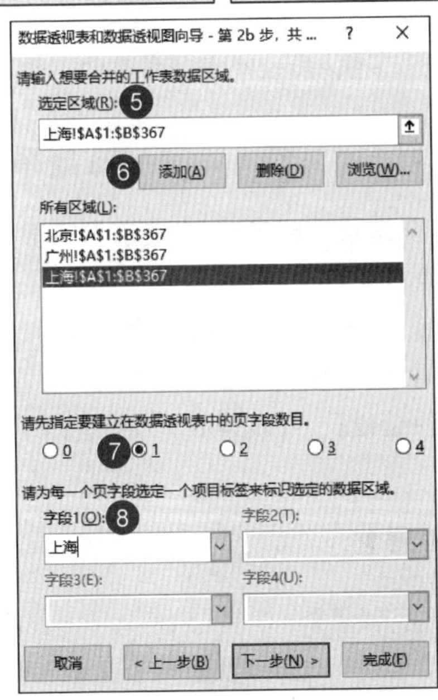

图 2-91　数据透视表向导

012.数据透视图

题目要求：在 D6：L16 单元格区域中，创建数据透视图，按照效果图设置网格线和坐标轴。

【数据透视图操作步骤】

【插入】选项卡→点击【数据透视图】按钮→点击【组合图】→设置好图表类型→勾选【次坐标轴】，透视图效果设置参考前面图表章节讲解，如图 2-92 所示。

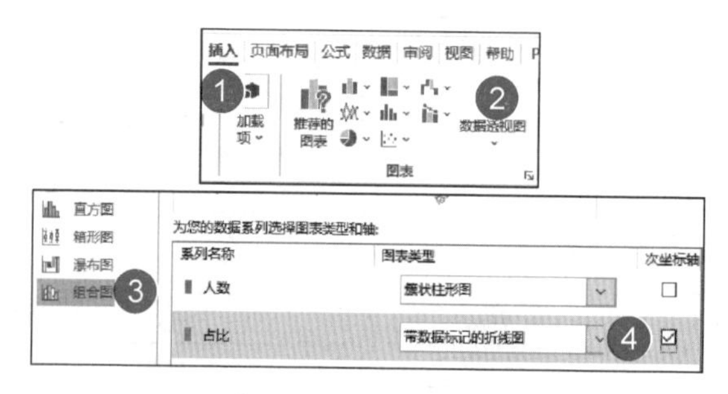

图 2-92　数据透视图

17.录制宏考点　　难度系数★★★★☆

录制宏是最近两年考试的新考点，考查次数不多，但可能会成为考试的趋势，大家需要重点关注。

题目要求：录制名为“最小年龄”宏，以便可以对选定单元格区域中数值最小的 10 项应用“浅红填充色深红色文本”的“项目选取规则”条件格式，将宏指定到快捷键【Ctrl＋Shift＋U】，并对 D 列中的数值应用此宏。

【录制宏操作步骤】

【视图】选项卡→点击【宏】→选择【录制宏】→输入【宏名称】和【快捷键】→切换到【开始】选项卡→设置【条件格式】→点击【停止录制】→选中 D 列按快捷键应用宏，如图 2-93 所示。

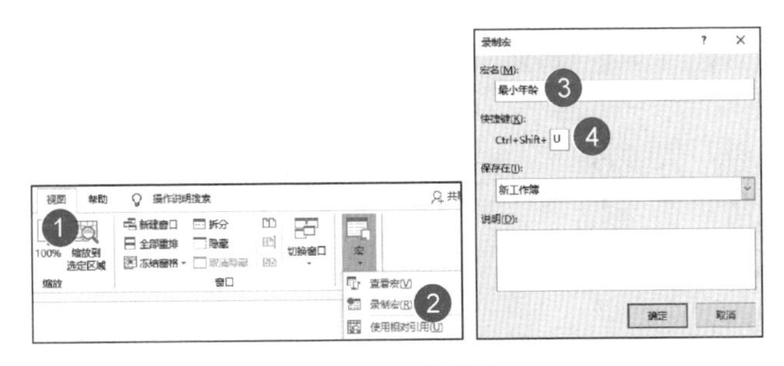

图 2-93　录制宏

18.冻结窗格考点　　难度系数★☆☆☆☆

题目要求：设置窗口视图，保持第 1～3 行、第 A：E 列总是可见。

【冻结窗格操作步骤】

光标定位在 F4 单元格→【视图】选项卡→点击【冻结窗格】→选择【冻结窗格】，如图 2-94 所示。

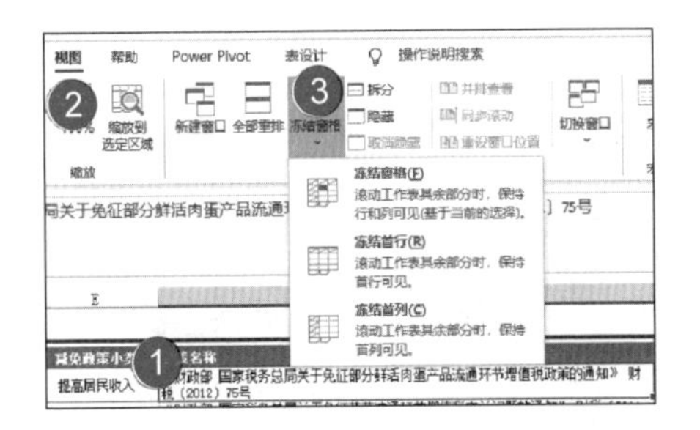

图 2-94　冻结窗格

第3章　Excel函数公式篇

01.五大基本函数　　难度系数★☆☆☆☆

001.sum求和函数

定义：对指定参数进行求和。

书写规则：=sum(数据区域)

	A	B
1	数据	**求和公式**
2	1	=SUM(A2:A4)
3	2	
4	3	

002.average求平均函数

定义：对指定参数进行求平均值。

书写规则：=average(数据区域)

	A	B
1	数据	**求平均值公式**
2	1	=AVERAGE(A2:A4)
3	2	
4	3	

003.max求最大值函数

定义：求指定区域中的最大值。

书写规则：=max(数据区域)

	A	B
1	数据	**求最大值公式**
2	1	=MAX(A2:A4)
3	2	
4	3	

004.min 求最小值函数

定义：求指定区域中的最小值。

书写规则：=min(数据区域)

	A	B
1	数据	求最小值公式
2	1	=MIN(A2:A4)
3	2	
4	3	

005.count 求个数函数

定义：求指定区域中数值单元格的个数。

书写规则：=count(数据区域)

	A	B
1	数据	求个数公式
2	1	=COUNT(A2:A4)
3	2	
4	3	

02.rank 排名函数　　难度系数★★☆☆☆

定义：求某个数据在指定区域中的排名。

书写规则：=rank(排名对象，排名的数据区域，升序或者降序)

	A	B	C
1	成绩	成绩排名	公式
2	75	2	=RANK(A2,$A$2:$A$4)
3	97	1	
4	45	3	

特别提醒：

1.第二参数一定要绝对引用。

2.第三参数默认为降序，通常省略不写。其中“0”表示降序，“1”表示升序。

03.if 逻辑判断函数　　难度系数★★★☆☆

定义：根据逻辑判断是或否，返回两种不同的结果。

书写规则：=if(逻辑判断语句，逻辑判断“是”返回的结果，逻辑判断“否”返回的结果)

题目要求：成绩<60 显示不及格，成绩在 60～80 间显示及格，成绩>80 显示优秀。

	A	B	C
1	成绩	等级	公式
2	75	及格	=IF(A2 < 60,"不及格",IF(A2 < 80,"及格","优秀"))
3	97	优秀	
4	45	不及格	

特别提醒：

1.写 IF 函数的多层嵌套时，一定要注意不能少括号，括号是成对出现。

2.条件或者返回结果为文本时，一定要加双引号。

04.条件求个数函数　　难度系数★★★☆☆

001.countif 单条件求个数函数

定义：求指定区域中满足单个条件的单元格个数。

书写规则：=countif(区域，条件)

	A	B	C
1	性别	女生人数	公式
2	男	2	=COUNTIF(A2:A5,"女")
3	女		
4	男		
5	女		

002.countifs 多条件求个数函数

定义：求指定区域中满足多个条件的单元格个数。

书写规则：=countifs(区域 1，条件 1，区域 2，条件 2)

	A	B	C
1	性别	成绩	成绩>90的女生人数（公式）
2	男	92	=COUNTIFS(A2:A5,"女", B2:B5,">90")
3	女	95	
4	男	67	
5	女	82	

05.条件求和函数 难度系数★★★★☆

001.sumif 单条件求和函数

定义:对满足单个条件的数据进行求和。

书写规则:=sumif(条件区域,条件,求和区域)

	A	B	C
1	部门	销售额	求生产部的总销售额（公式）
2	行政部	58	=SUMIF(A2:A5,"生产部",B2:B5)
3	生产部	760	
4	市场部	850	
5	生产部	400	

002.sumifs 多条件求和函数

定义:对满足多个条件的数据进行求和。

书写规则:=sumifs(求和区域,条件区域 1,条件 1,条件区域 2,条件 2)

	A	B	C	D
1	部门	性别	销售额	求生产部女员工的总销售额（公式）
2	行政部	女	58	=SUMIFS(C2:C6,A2:A6,"生产部",B2:B6,"女")
3	生产部	女	760	
4	市场部	男	850	
5	生产部	男	400	
6	生产部	女	300	

特别提醒:

1.sumif 和 sumifs 函数的参数并不是通用的,为了避免出错,无论是单条件还是多条件求和都推荐使用 sumifs 函数。

2.求和区域与条件区域的行数一定要对应相同。

003.sumproduct 乘积求和函数

定义:求指定的区域或数组乘积的和。

书写规则:=sumproduct(区域 1* 区域 2)

	A	B	C
1	销售量	单价	求生产部女员工的总销售额（公式）
2	25	58	=SUMPRODUCT(A2:A5*B2:B5)
3	63	760	
4	85	25	
5	24	41	

特别提醒:区域必须一一对应。

06.查询函数　　难度系数★★★☆☆

001.vlookup 查询函数

定义:在指定区域的首列沿垂直方向查找指定的值,返回同一行中的其他值。

书写规则:=vlookup(查询对象,查询的数据区域,结果所在的列数,精确匹配或者近似匹配)

精确匹配:

	A	B	C
1	题目要求:根据图书编号查询图书定价		
2	图书编号	定价	公式(精确匹配)
3	BK-83023	33	=VLOOKUP(A3,$A$8:$C$13,3,FALSE)
4	BK-83025	27	
5	BK-83021	33	
6	BK-83022	17	
7			
8	图书编号	图书名称	价格
9	BK-83021	《计算机基础基础》	33
10	BK-83022	《Photoshop应用》	17
11	BK-83023	《C语言程序设计》	33
12	BK-83024	《VB语言程序设计》	45
13	BK-83025	《Java语言程序设计》	27

近似匹配:

	A	B	C
1	题目要求:根据销售总额查询客户等级		
2	销售总额	客户等级	公式(近似匹配)
3	30000	1级	=vlookup(A3,$A$8:$B$13,2,TRUE)
4	4000	5级	
5	23000	1级	
6	17000	2级	
7	8000	4级	
8	销售额(≥)	级别	
9	0	5级	
10	5000	4级	
11	10000	3级	
12	15000	2级	
13	20000	1级	

特别提醒:

1.查询目标必须位于查询数据区域的首列。

2.第二参数(查询的数据区域)要绝对引用。

002.lookup 数组查询函数

定义：利用数组构建查询区域和结果区域实现查询。

书写规则：=lookup（查询对象，查询的数据区域，结果的数据区域）

专业对应：01——国际贸易，02——市场营销，03——财务管理

	A	B
1	专业代号	公式
2	02	=LOOKUP(A2,{"01","02","03"},{"国际贸易","市场营销","财务管理"})
3	03	
4	02	
5	01	

特别提醒：

1.查询的数据区域与结果的数据区域要一一对应。

2.查询的数据区域和结果的数据区域要用{}数组括号。

003.index 函数

定义：查找指定区域中指定行与指定列的单元格。

书写规则：=index(查询的数据区域，返回的行号，返回的列号)

	A	B	C	D
1	1	2	3	返回的第3行第2列值(公式)
2	4	5	6	=INDEX(A1:C3,3,2)
3	7	8	9	

004.match 函数

定义：查找指定值在指定区域中的位置。

书写规则：=match(查询对象，查询的数据区域，精确匹配或者近似匹配)

	A	B
1	内容	查找小黑的位置
2	小白	=MATCH("小黑",A2:A5,0)
3	小灰灰	
4	小二黑	
5	小黑	

特别提醒：

1.一般都用精确匹配。

2."0"表示精确匹配,"1"表示近似匹配。

005.index 和 match 函数组成二维查询

	A	B	C	D
1	城市(降水量)	1月	2月	求武汉市2月降水量(公式)
2	北京市	0.2	0	=INDEX(A1:C6,MATCH("武汉市",A1:A6,0),MATCH("2月",A1:C1,0))
3	上海市	0.1	0.9	
4	武汉市	3.7	2.7	
5	桂林市	6.5	2.9	
6	成都市	0	1	

07.文本函数　　难度系数★★☆☆☆

001.left 从左侧取文本函数

定义:从文本左侧起提取文本中的指定个数的字符。

书写规则:=left(要提取的字符串,提取的字符数)

	A	B	C
1	姓名	姓	公式
2	张三	张	=LEFT(A2,1)
3	李四	李	
4	王五	王	

002.right 从右侧取文本函数

定义:从文本右侧起提取文本中的指定个数的字符。

书写规则:=right(要提取的字符串,提取的字符数)

	A	B	C
1	姓名	名	公式
2	张三	三	=RIGHT(A2,1)
3	李四	四	
4	王五	五	

003.mid 从中间取文本函数

定义:从文本中间提取文本中的指定个数的字符。

书写规则:=mid(要提取的字符串,从第几位开始取,提取的字符数)

	A	B	C
1	学号	姓名	**学号第4位表示班级**
2	120305	包宏伟	=MID(A2,4,1)&"班"
3	120203	陈万地	2班
4	120104	杜学江	1班

特别提醒：

1.mid 函数提取的结果是文本，不能直接参与计算，如要参与计算需先+0 进行转换。

2.“&”为文本连接符。

004.text 文本转化函数

定义：将指定的数字转化为特定格式的文本。

书写规则：=text(字符串，转化的格式)

	A	B	C
1	出生日期字符串	转化后	**公式**
2	19960102	1996-01-02	=TEXT(A2,"0000-00-00")+0
3	19980214	1998-02-14	
4	20001212	2000-12-12	

特别提醒：text 函数转化之后结果为文本，并不是数值，不能直接参与计算，如要参与计算需先+0 转换。

005.find 定位函数

定义：计算指定字符在指定字符串中的位置。

书写规则：=find(指定字符，字符串，开始进行查找的字符数)

	A	B	C
1	邮箱地址	@所在位置	**公式**
2	1530823028@qq.com	11	=FIND("@",A2)
3	xhkt666@163.com	8	
4	82375141@qq.com	9	

特别提醒：

1.find 函数第三参数一般省略不写。

2.第一参数要加双引号。

3.find 函数求出指定字符所在的位置，通常情况下都会再与别的函数嵌套使用。

08. 日期函数　　难度系数★★☆☆☆

001.today 求当前日期函数

定义：求电脑系统中今天的日期。

书写规则：=today()

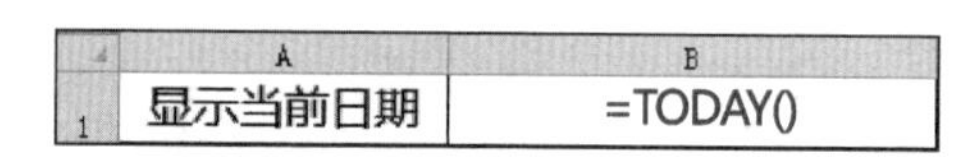

	A	B
1	显示当前日期	=TODAY()

002.year 求年份函数

定义：求指定日期的年份。

书写规则：=year(日期)

	A	B	C
1	日期	年份	公式
2	2020/6/5	2020	=YEAR(A2)

003.month 求月份函数

定义：求指定日期的月份。

书写规则：=month(日期)

	A	B	C
1	日期	月份	公式
2	2020/6/5	6	=MONTH(A2)

004.day 求天数函数

定义：求指定日期对应当月的天数。

书写规则：=day(日期)

	A	B	C
1	日期	天数	公式
2	2020/6/5	5	=DAY(A2)

005.date 日期函数

定义：将年月日三个值转变成日期格式。

书写规则：=date(年,月,日)

	A	B	C	D
1	年	月	日	日期
2	2020	2	20	2020/2/20
3	=DATE(A2,B2,C2)			

006.datedif 求日期间隔函数

定义：计算两个日期之间的间隔(年/月/日)。

书写规则：=datedif(起始日期,终止日期,返回类型)

	A	B	C	D
1	入职日期	离职日期	工龄	公式
2	2002/9/10	2019/9/10	17	=DATEDIF(A2,B2,"Y")

特别提醒

1.返回类型返回相距多少年用“y”,相距多少月用“m”,相距多少天用“d”,三种情况都要加双引号。

2.没有说明一年多少天,则使用 datedif 函数。

3.返回类型为“ym”,则表示除去年数看月数。

007.yearfrac 求日期间隔函数

定义：计算两个日期之间的天数占一年的比例。

书写规则：=yearfrac(起始日期,终止日期,返回类型)

	A	B	C
1	起始日期	终止日期	一年按360天计算工龄
2	2002/1/1	2020/1/1	=YEARFRAC(A2,B2,0)

特别提醒：yearfrac 函数适用于一年 360 天或 365 天进行计算的情况。

008.weekday 求星期函数

定义：将某个日期所处的星期转换成数字。

书写规则：=weekday(日期,返回类型)

	A	B
1	日期	是否在加班
2	2020/2/23	是
3	=IF(WEEKDAY(A2,2) > 5,"是","否")	

特别提醒：

1.第二参数返回类型填写“2”是根据中国人习惯，星期一返回“1”，星期二返回“2”，以此类推。

2.weekday 函数常用于跟 if 函数结合判断是否加班。

009.isodd 函数

定义：判断单元格数值是否为奇数

书写规则：=isodd(单元格)

	A	B	C
1	数字	结果	公式
2	1	TRUE	=ISODD(A2)

09.数学函数 难度系数★★☆☆☆

001.int 取整函数

定义：对指定数字向下取整。

书写规则：=int(数值)

	A	B	C
1	数据	取整	公式
2	36.80	36	=INT(A2)

002.mod 求余函数

定义：求某个数字除以另一个数字的余数。

书写规则：=mod(被除数，除数)

	A	B	C
1	被除数	除数	余数
2	15	4	3
3	=MOD(A2,B2)		

003.round 四舍五入函数

定义：对指定数字进行四舍五入。

书写规则：=round(数值，保留小数位数)

	A	B	C
1	金额	保留两位小数（四舍五入）	公式
2	19269.68516	19269.69	=ROUND(A2,2)

004.roundup 向上取值函数

定义：对指定数字进行向上取值。

书写规则：=roundup（数值，保留小数位数）

	A	B	C
1	金额	向上取值保留两位小数	公式
2	19269.63157	19269.64	=ROUNDUP(A2,2)

特别提醒：本函数可以用来根据月份求季度。

005.rounddown 向下取值函数

定义：对指定数字进行向下取值。

书写规则：=rounddown（数值，保留小数位数）

	A	B	C
1	金额	向下取值保留两位小数	公式
2	19269.63157	19269.63	=ROUNDDOWN(A2,2)

特别提醒：本函数和上一个函数的典型考法在停车费的题目。

006.sqrt 开平方根函数

定义：求一个非负实数的平方根。

书写规则：=sqrt（数值）

	A	B	C
1	数值	平方根	公式
2	36	6	=SQRT(A2)

007.large 函数

定义：求指定区域中的第 K 大值。

书写规则：=large（区域，返回第几个最大值）

	A	B	C
1	数据	第二个最大值	公式
2	95	87	=LARGE(A2:A4,2)
3	87		
4	63		

008.row 求行号函数

定义：求指定单元格的行号。

书写规则：=row(单元格)

	A	B
1	运行结果	公式
2	2	=ROW(A2)

特别提醒：若括号内未填写参数，则返回公式输入单元格的行号。

009.column 求列号函数

定义：求指定单元格的列号。

书写规则：=column(单元格)

	A	B
1	运行结果	公式
2	2	=COLUMN(B1)

特别提醒：若括号内未填写参数，则返回公式输入单元格的列号。

010.indirect 函数

定义：间接引用函数(引用单元格内容中的地址位置)。

书写规则：=indirect(单元格)

	A	B	C
1	数据	公式	结果
2	1	=A3	A2
3	A2	=INDIRECT(A3)	1

特别提醒：本函数用来做二级菜单和动态图表。

011.hyperlink 函数

定义：超链接函数(链接当前工作表的指定位置，点击跳转到工作表的指定单元格)。

书写规则：=hyperlink("#链接到的单元格",显示文本)

	A	B
1	显示结果	公式
2	填写请单击	=HYPERLINK("#差旅费报销！A3","填写请单击")

特别提醒：hyperlink 第一个参数链接到的单元格需要加上双引号和#。

第4章　PPT 考点汇总专题

01.新建幻灯片考点　　难度系数★☆☆☆☆

001.常规考点

主要有两种考核方式:幻灯片从大纲和重用幻灯片。

002.幻灯片从大纲

幻灯片从大纲就是把 Word 中使用大纲级别的段落全部转移到 PPT 中。

【幻灯片从大纲操作步骤】

新建演示文稿→【开始】选项卡→点击【新建幻灯片】→选择【幻灯片(从大纲)】→找到要导入的素材→【插入】,如图 4-1 所示。

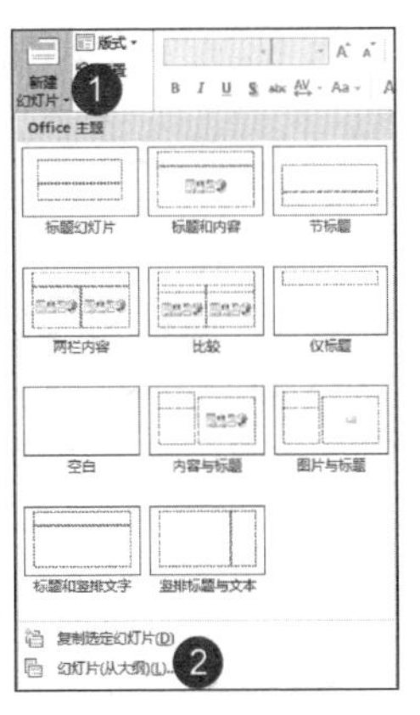

图 4-1　幻灯片从大纲

特别提醒：

1.要先设置好 Word 的大纲级别，再利用【幻灯片(从大纲)】导入。

2.如果 Word 无法通过从大纲导入到 PPT，可以利用从 Word 发送到 PPT 的功能。

【Word 发送到 PPT 操作步骤】

【文件】选项卡→点击【选项】→点击【快速访问工具栏】→【命令】选择【不在功能区的命令】→找到【发送到 Microsoft Power Point】→点击【添加】按钮→再点击文档上方快速访问工具栏按钮即可生成，如图 4-2 所示。

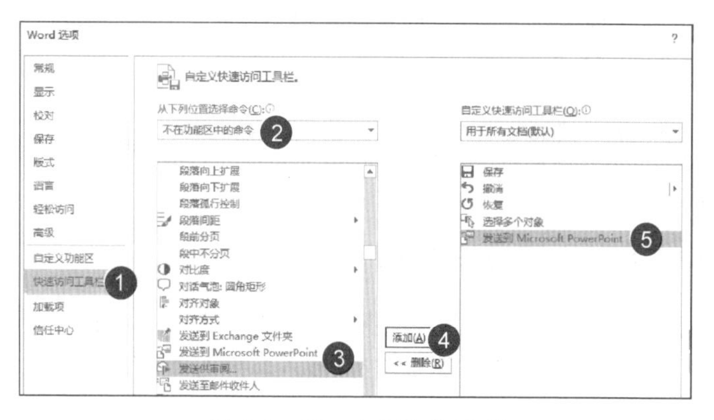

图 4-2　Word 发送到 PPT

003.重用幻灯片

题目要求：将演示文稿“第 3－5 节.pptx”和“第 1－2 节.pptx”中的所有幻灯片合并到“物理课件.pptx”中，要求所有幻灯片保留原来的格式。

【重用幻灯片操作步骤】

点击【新建幻灯片】→选择【重用幻灯片】命令→单击【浏览】→找到 PPT 文件所在位置→选中该演示文稿→点击【打开】→勾选【保留源格式】→点击幻灯片即可插入，如图 4-3 所示。

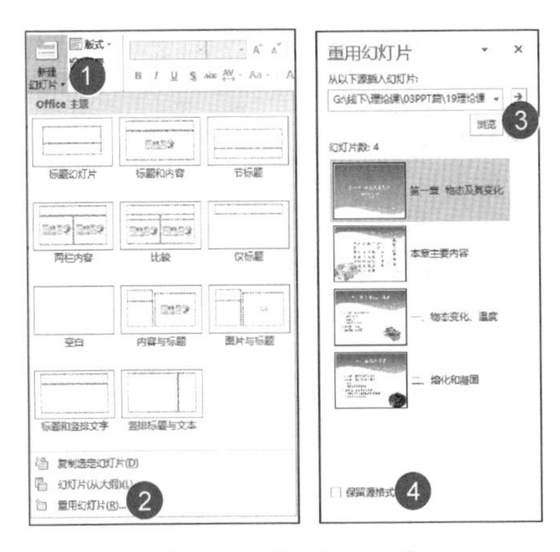

图4-3　重用幻灯片

特别提醒:因为软件的原因,重用幻灯片可能无法使用,可直接使用复制粘贴功能,粘贴时选择保留源格式。

004.重置幻灯片

题目要求:要求新建幻灯片中不包含原素材中的任何格式。

【重置幻灯片操作步骤】

选中所有幻灯片→【开始】选项卡→点击【重置】命令,如图4-4所示。

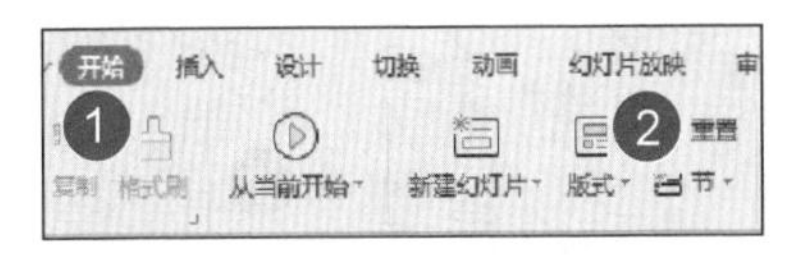

图4-4　重置幻灯片

02.版式和幻灯片分节考点　　难度系数★☆☆☆☆

001.调整版式

题目要求:将第6张幻灯片版式调整为“标题和内容”。

【幻灯片版式操作步骤】

选中幻灯片→【开始】选项卡→点击【版式】→弹出的列表中选择【标题和内容】版式，如图 4-5 所示。

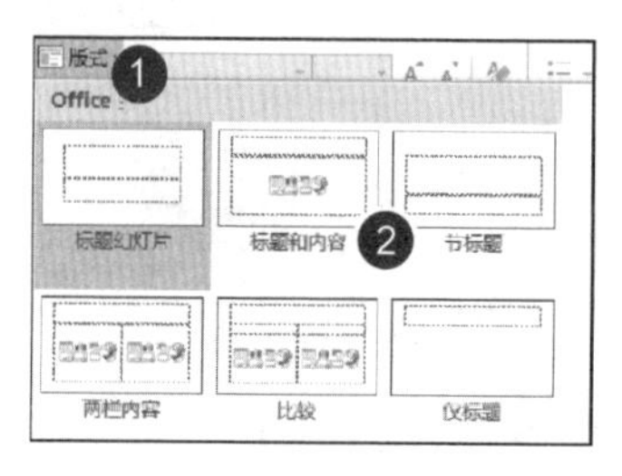

图 4-5　调整幻灯片版式

002.新增节

当演示文稿中的幻灯片较多时，为了弄清楚幻灯片的结构，可以使用分节功能对幻灯片进行分组管理。一个小节可以设置同样的背景、主题和切换方式。

【幻灯片分节操作步骤】

选中第一张幻灯片→【开始】选项卡→点击【节】按钮→选择【新增节】，如图 4-6 所示。

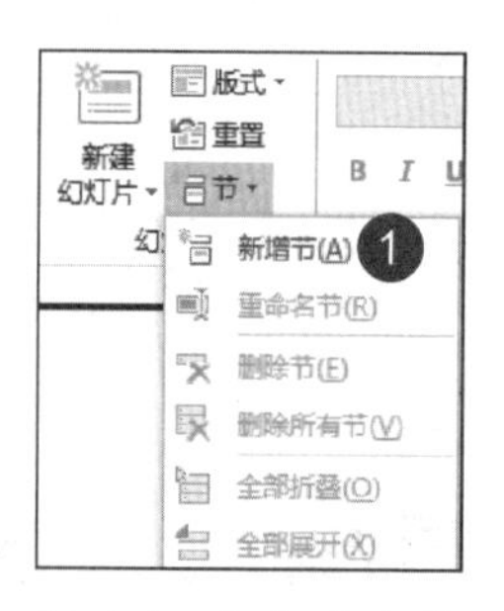

图 4-6　幻灯片分节

003.重命名节

分节后，可以给每节命名。

【重命名节操作步骤】

右侧出现一个节→节上单击右键→选择【重命名节】命令→【重命名节】对话框中输入节的名字→点击【重命名】,如图 4-7 所示。

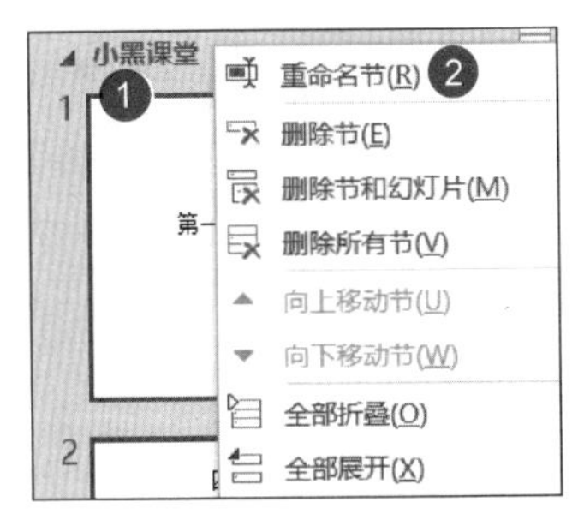

图 4-7　重命名节

03.字体和段落考点　　难度系数★☆☆☆☆

001.调整项目符号格式

题目要求:添加字高为 90%的紫色“箭头项目符号”。

【调整项目符号大小】

选中设置的项目符号→点击【项目符号与编号】→设置其大小与颜色,如图 4-8 所示。

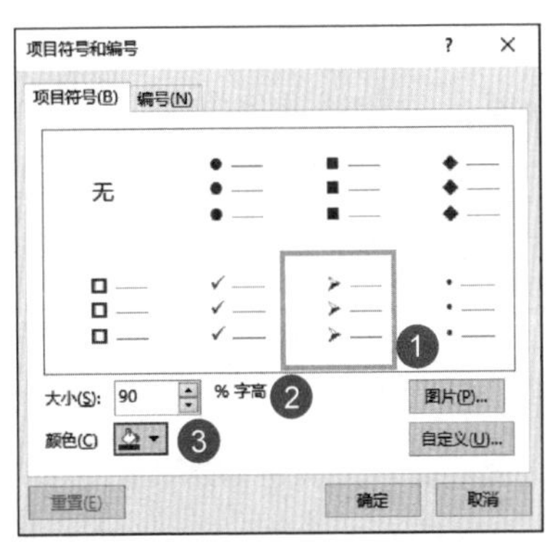

图 4-8　项目符号大小和颜色

002.设置段落级别

题目要求：将第 14 张幻灯片最后一段文字向右缩进两个级别。

【设置段落级别操作步骤】

选中最后一段文字→【开始】选项卡→【段落】组→点击两次【提高列表级别】(或者按两次 Tab)，如图 4-9 所示。

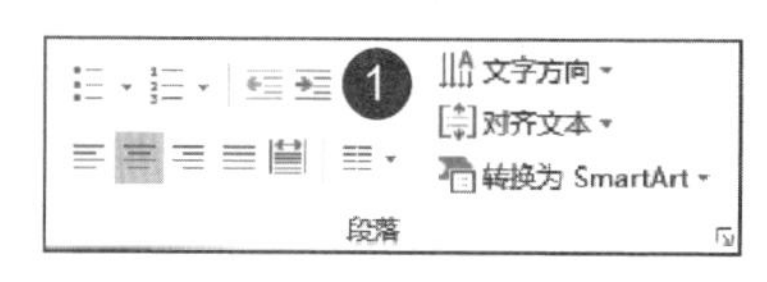

图 4-9　段落级别

特别提醒：如需向左缩进，则按【Shift＋Tab】。

003.拆分幻灯片

由于一张幻灯片文字内容较多，为了更好地展示幻灯片内容，可将一张幻灯片中的内容文字自动拆分为两张幻灯片进行展示。

【拆分幻灯片操作步骤】

选中要拆分的文本框→光标移动到左下角点击【将文本拆分到两个幻灯片】，如图 4-10 所示。

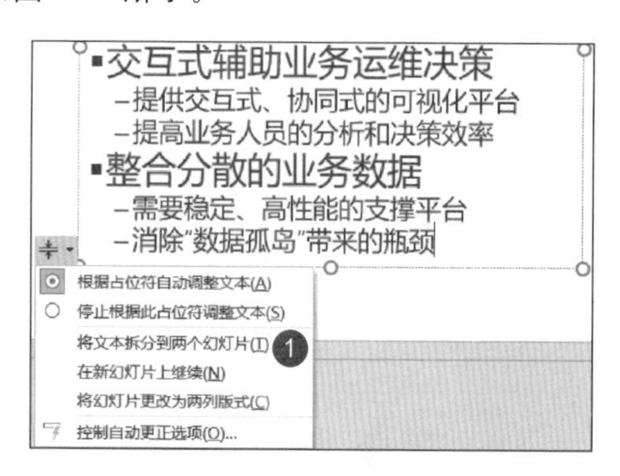

图 4-10　拆分幻灯片

特别提醒：如果需拆分成多张幻灯片，也可以选择复制粘贴的方式。

004.文本转换为 SmartArt

【文本转换为 SmartArt 操作步骤】

选中要转换为 SmartArt 的文字→【开始】选项卡→点击【转换为 SmartArt】按钮→点击【其他 SmartArt 图形】→选择一种 SmartArt 布局，如图 4-11 所示。

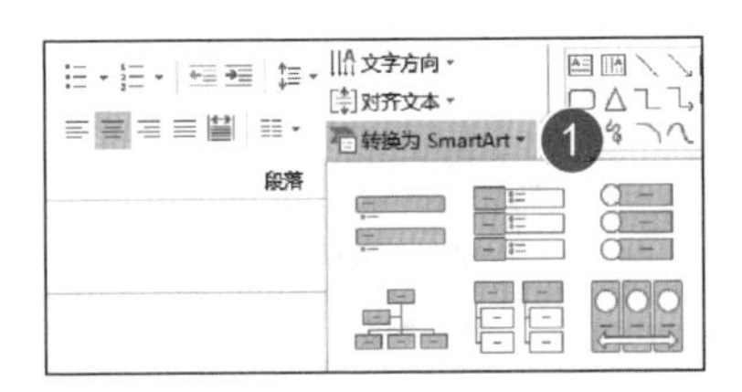

图 4-11　转换为 SmartArt

特别提醒：

1.PPT 此功能转化十分迅速，在 Word 中插入 SmartArt 时，可以先在 PPT 中转换，再复制粘贴至 Word。

2.如果文本级别关系不对，可先利用【Tab】键调整好级别关系后，再转换为 SmartArt。

005.分栏

题目要求：将目录内容分为两栏。

【分栏操作步骤】

选中要拆分的文本框→分栏按钮选择【两栏】，如图 4-12 所示。

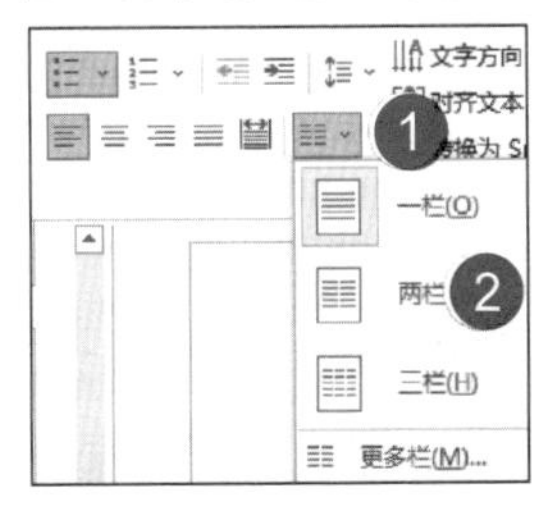

图 4-12　分栏

006.替换字体

题目要求：将演示文稿中的所有中文字体由“宋体”替换为“微软雅黑”。

【替换字体操作步骤】

切换到【开始】选项卡→点击【替换】的下拉箭头→点击【替换字体】→把【宋体】替换为【微软雅黑】，如图 4-13 所示。

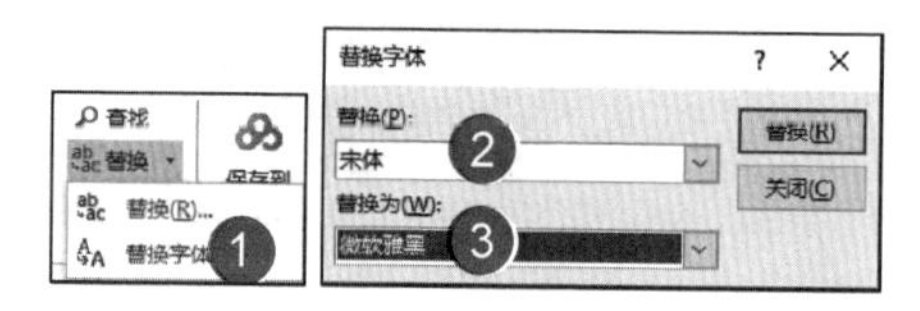

图 4-13　替换字体

04.插入选项卡考点　　难度系数★☆☆☆☆

001.插入图片常规考点

PPT 中图片的考点与 Word 中基本相似。例如，图片样式、对齐、裁剪、大小，如图 4-14 所示。

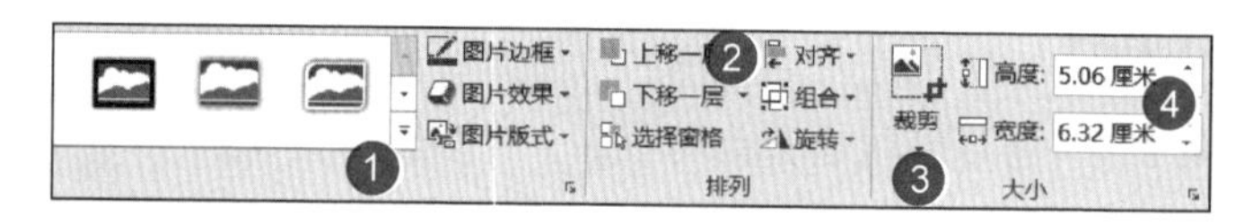

图 4-14　图片常规考点

特别提醒：图片的高度为 125PX，高度对话框中输入 5 厘米(25PX＝1 cm)。

002.删除背景

【删除背景操作步骤】

插入图片后→【图片工具/格式】选项卡【调整】组→点击【删除背景】→拖动保留图片框至合适位置→图片中紫色区域表示要删除的区

域→标记好区域后点击【保留更改】，如图 4-15 所示。

图 4-15　删除图片背景

003.调整图片位置

题目要求：设置图片距离幻灯片左上角水平 1.5 厘米，垂直 15 厘米。

【调整图片位置操作步骤】

选中图片→【图片工具/格式】选项卡→点击【大小】右下角按钮→选择【位置】→设置其【水平】【垂直】位置，如图 4-16 所示。

图 4-16　精确调整图片位置

004.创建相册

选择图片、图片版式、相框形状。

【创建相册操作步骤】

【插入】选项卡→【图像】组→点击【相册】选择【新建相册】→选择图片、设置图片版式、设置相框形状→点击【创建】，如图 4-17 所示。

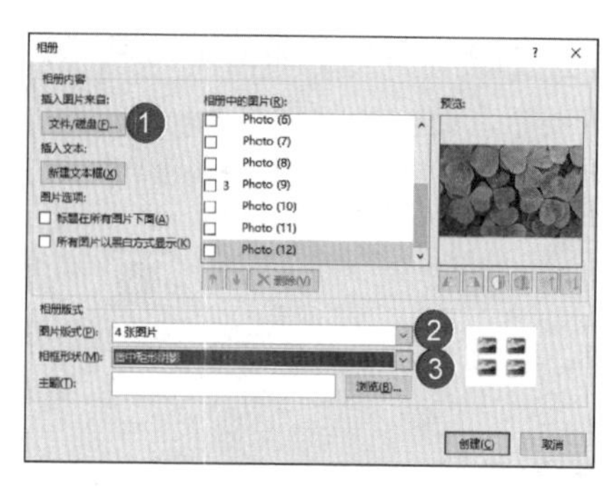

图 4-17　创建相册

005.设置图片作为表格背景

题目要求:应用图片“表格背景.jpg”作为表格的背景。

【图片做背景操作步骤】

选中表格→【表格工具/设计】选项卡→点击【底纹】→【表格背景】→选择对应的图片→最后点击【底纹】设置无填充色,如图 4-18 所示。

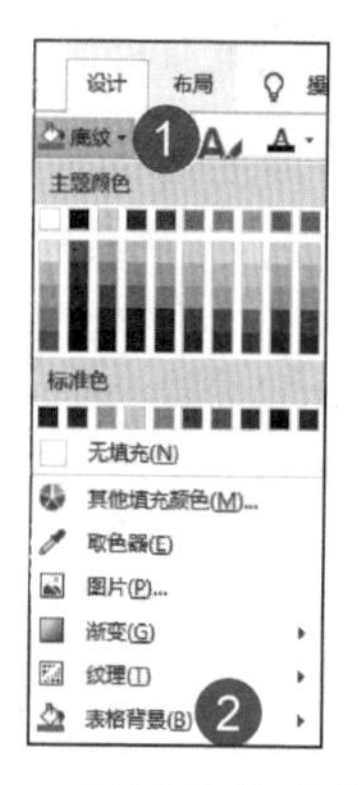

图 4-18　用图片做表格背景

006.插入圆锥

题目要求:通过插入一个内置的形状形成圆锥,要求顶部的棱台效果为“角度”,高度为 300 磅,宽度为 150 磅。

【插入圆锥操作步骤】

先插入一个圆形→点击【形状效果】下拉按钮→点击【棱台】→选择

【角度】→选中形状单击右键【设置形状格式】→点击【效果】选择【三维格式】→输入高度和宽度→再点击【三维旋转】选择【预设】→选择【离轴2：上】，如图4-19所示。

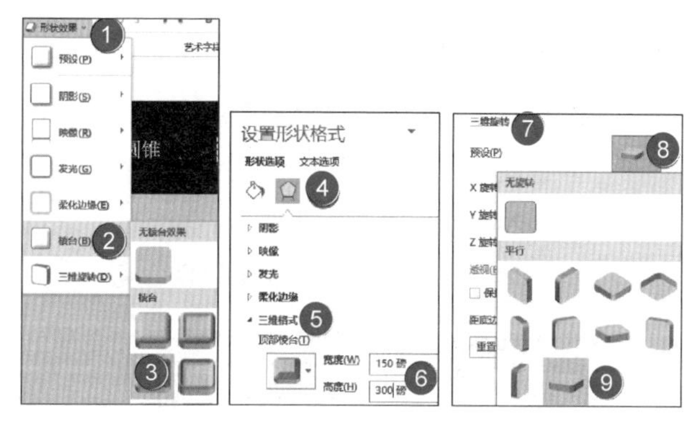

图4-19　插入圆锥

007.插入动作按钮

题目要求：在第1节最后一张幻灯片中添加名称为“后退或前一项”的动作按钮，设置单击该按钮时可返回第2张幻灯片。

【插入动作按钮操作步骤】

【插入】选项卡→【形状】组选择【后退或前一项】→光标定位在幻灯片合适位置拖动鼠标插入→在弹出的操作设置中设置超链接到【幻灯片2】，如图4-20所示。

图4-20　插入动作按钮

008.插入超链接

题目要求：将“天安门”链接到第三张幻灯片。

【插入超链接操作步骤】

选中【天安门】→【插入】选项卡→点击【链接】按钮→选择【本文档中的位置】→选择第三张幻灯片，如图 4-21 所示。

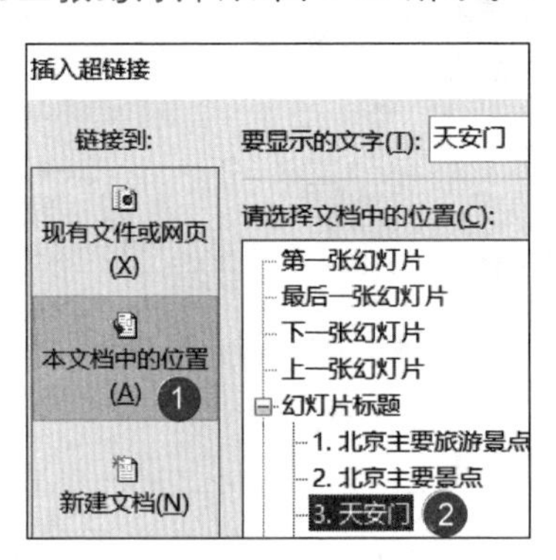

图 4-21　插入超链接

特别提醒：

1.做超链接之前一定要先保存文件。

2.注意看清题目要求是为形状还是文字设置超链接。

009.页眉页脚基础考点

指定内容的页脚、幻灯片编号、标题幻灯片中不显示。

【页眉页脚操作步骤】

选中幻灯片→【插入】选项卡→【页眉和页脚】→勾选【幻灯片编号】【页脚】【标题幻灯片中不显示】，如图 4-22 所示。

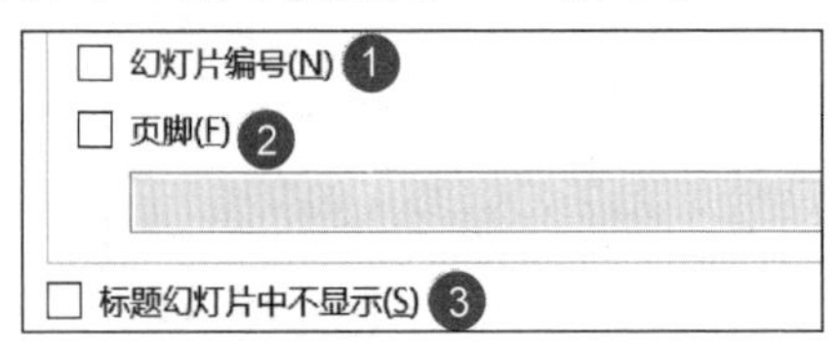

图 4-22　插入页眉页脚

010.插入日期和时间

题目要求:插入自动更新的日期,日期格式为××××年××月××日。

【插入日期和时间操作步骤】

【插入】选项卡→【日期和时间】→勾选【日期和时间】→选择符合题目要求的日期和时间,如图4-23所示。

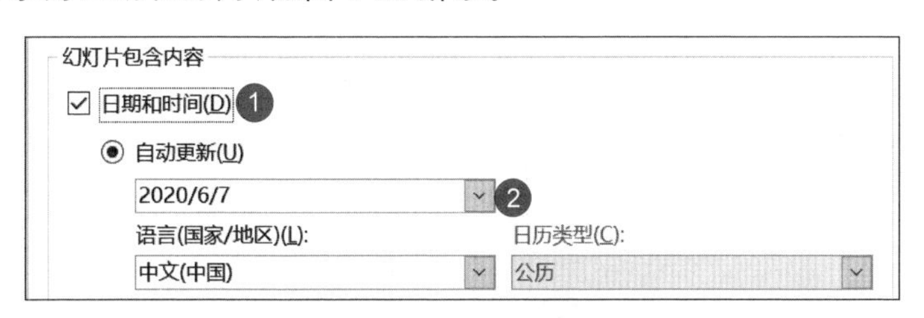

图4-23　插入日期和时间

011.幻灯片编号起始值

题目要求:除标题幻灯片外,为其余所有幻灯片添加幻灯片编号,并且编号值从1开始显示。

【幻灯片编号起始值操作步骤】

设置幻灯片编号后→【设计】选项卡【自定义】组→点击【幻灯片大小】下拉箭头→选择【自定义幻灯片大小】→【幻灯片编号起始值】处设置值为"0",如图4-24所示。

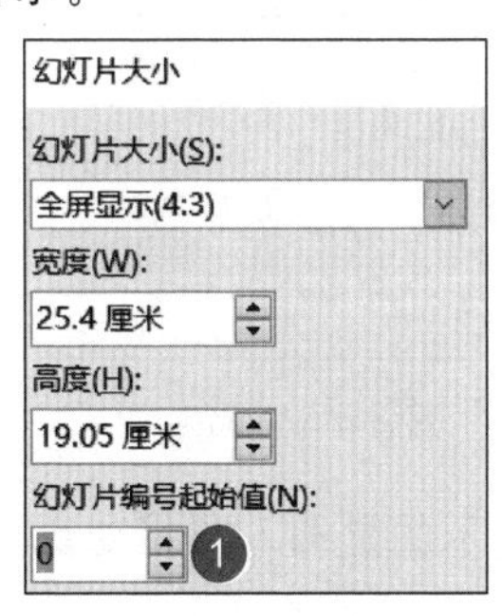

图4-24　设置幻灯片编号起始值

012.设置艺术字文本效果

题目要求：设置艺术字文本效果转换为“朝鲜鼓”。

【设置艺术字文本效果操作步骤】

选中艺术字→点击【绘图工具/格式】→【文本效果】→【转换】→朝鲜鼓，如图 4-25 所示。

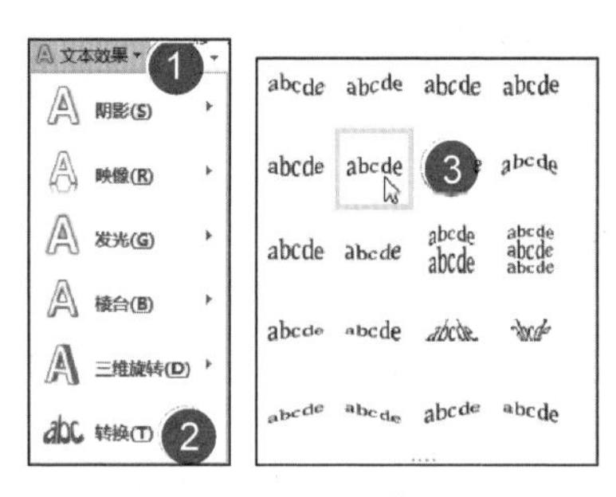

图 4-25　设置艺术字文本效果

013.插入对象

题目要求：插入考生文件夹下的 Excel 文档“业务报告签发稿纸.xlsx”中的模板表格，并保证该表格内容随 Excel 文档的改变而自动改变。

【插入对象操作步骤】

光标定位在需要插入的位置→【插入】选项卡→【文本】组→点击【对象】→点击【由文件创建】→【浏览】→找到对应文件，如图 4-26 所示。

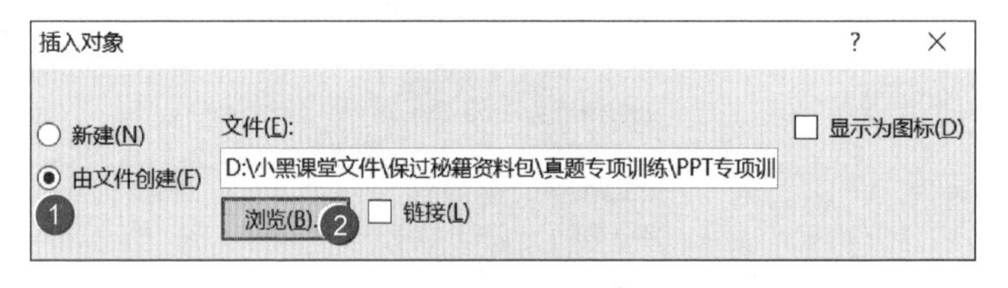

图 4-26　插入对象

特别提醒：当需要显示的是插入文档对象的内容时，就不需要勾选显示为图标。

05.插入音频考点　　　　难度系数★★☆☆☆

在幻灯片中插入音频文件，可以增强演示文稿的视听效果。（考频：9 次）

001.常规考点

开始方式、跨幻灯片播放、放映时隐藏、循环播放，直到停止，如图 4-27 所示。

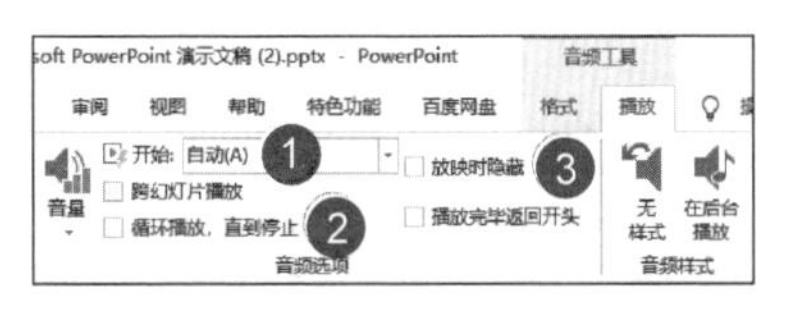

图 4-27　音频常规考点

002.裁剪音频

题目要求：剪裁音频只保留前 0.5 秒。

【裁剪音频操作步骤】

插入音频后→【音频工具/播放】选项卡【编辑】组→点击【剪裁音频】→设置开始和结束时间，如图 4-28 所示。

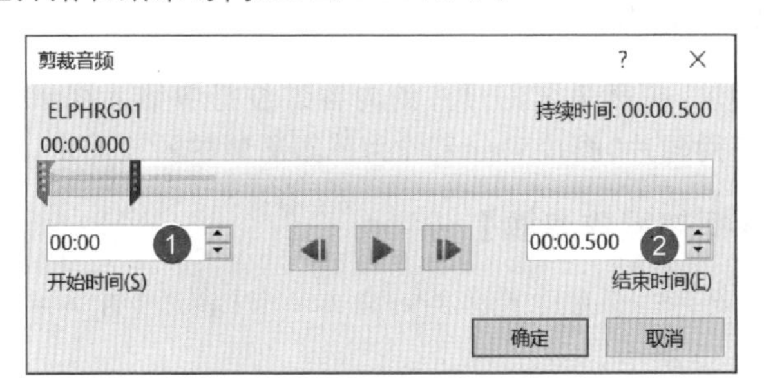

图 4-28　裁剪音频

003.音频在部分幻灯片中播放

题目要求：在第 1 张幻灯片中插入“背景音乐.mid”文件作为第 1～6 张幻灯片的背景音乐。

【音频在部分幻灯片中播放操作步骤】

插入音频后→【动画】选项卡→点击【动画】组右下角对话框按钮→【停止播放】处设置【在……张之后】(这里以第 6 张为例),如图 4-29 所示。

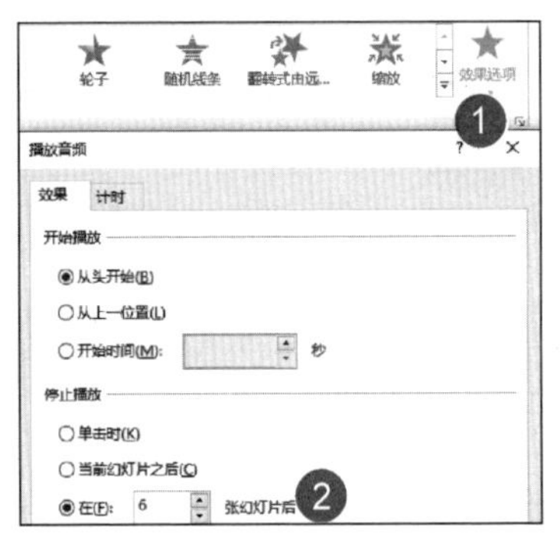

图 4-29　音频在部分幻灯片中播放

特别提醒:考试时要带上 3.5 mm 圆孔耳机并插入电脑,否则无法插入音频。

06.插入视频考点　　难度系数★★☆☆☆

001.海报框架

题目要求:在第 7 张幻灯片的内容占位符中插入视频“动物相册.wmv”,并使用图片“图片 1.png”作为视频剪辑的预览图像。

【海报框架操作步骤】

插入视频后→【视频工具/格式】选项卡【调整】组→点击【海报框架】,如图 4-30 所示。

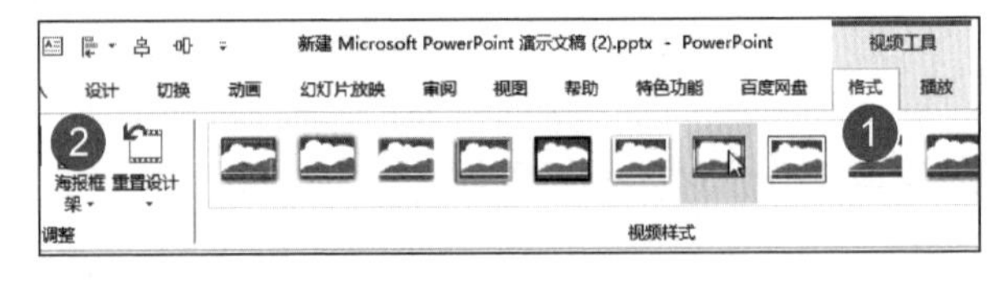

图 4-30　海报框架

07.设计选项卡考点　　难度系数★★☆☆☆

001.设置幻灯片主题

考点:应用系统自带主题,应用其他主题,设置主题经常和节一起考核。

题目要求:为幻灯片每一节设置不同的主题。

【设置主题操作步骤】

选中节标题→【设计】选项卡→点击题目要求的主题,如图 4-31 所示。

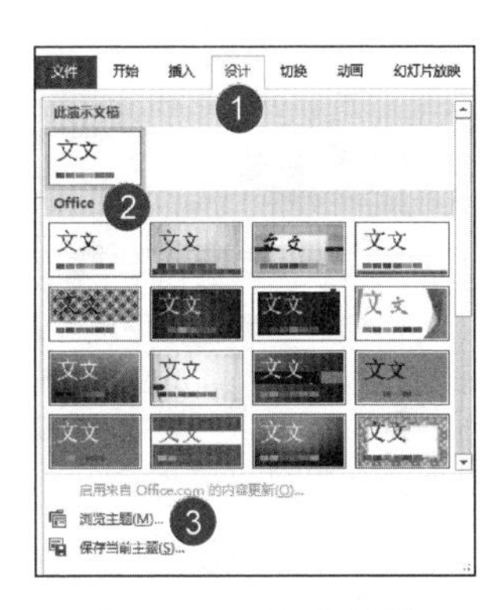

图 4-31　设置主题

特别提醒:如需使用考生文件夹中的主题,则使用【浏览主题】即可。

002.设置幻灯片背景样式

题目要求:将第 3 张幻灯片背景设为“样式 5”。

【设置幻灯片背景样式操作步骤】

选中第三张幻灯片→【设计】选项卡→点击【变体】组下拉箭头→选择【背景样式】→选择【样式 5】,如图 4-32 所示。

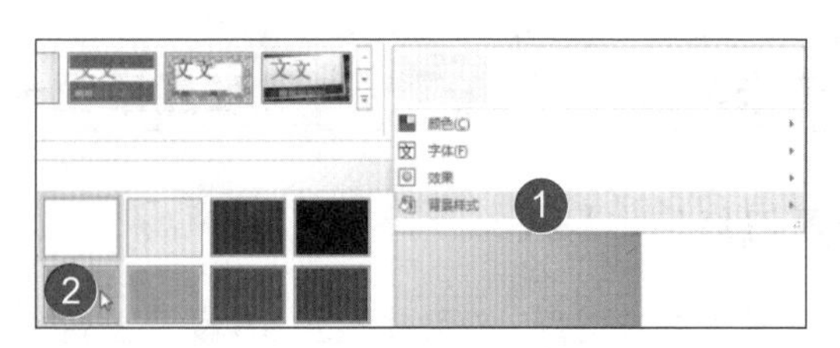

图 4-32　设置幻灯片背景样式

003.主题字体和主题颜色

【主题字体操作步骤】

【设计】选项卡→点击【变体】下拉按钮→【字体】→选择合适的主题字体，如图 4-33 所示。

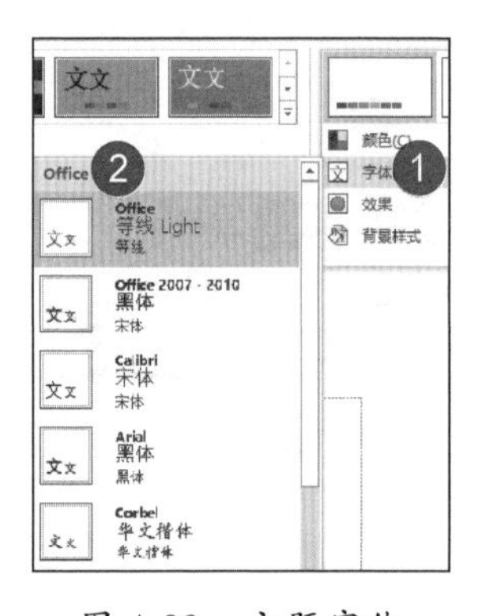

图 4-33　主题字体

004.页面设置

基本考点：设置幻灯片的大小、方向，幻灯片编号的起始值。

005.页面背景

考点：纯色填充、渐变色填充、图片填充、隐藏背景图形。

【页面背景操作步骤】

【设计】选项卡→点击【设置背景格式】→填充→进行设置即可，如

图 4-34 所示。

图 4-34　页面背景

006.图片背景进阶考点

题目要求：将演示文稿中第 1 页幻灯片的背景图片应用到第 2 页幻灯片。

【图片背景操作步骤】

在第 1 页幻灯片单击右键保存背景→保存到桌面→在第 2 页幻灯片单击右键【设置背景格式】→选择【图片或纹理填充】→选择插入方式为【从文件】→选择保存在桌面的背景图片即可，如图 4-35 所示。

图 4-35　图片背景

08.幻灯片切换考点　　　　难度系数★★☆☆☆

幻灯片的切换效果是指幻灯片与幻灯片之间进行切换时的动画效果。(考频:32 次)

001.常规考点

切换方式、持续时间、效果选项、设置自动换片。

002.给幻灯片添加切换方式

【幻灯片切换操作步骤】

选择要添加切换效果幻灯片→【切换】选项卡→打开【切换到此幻灯片】组下拉按钮→选择一个切换效果,如图 4-36 所示。

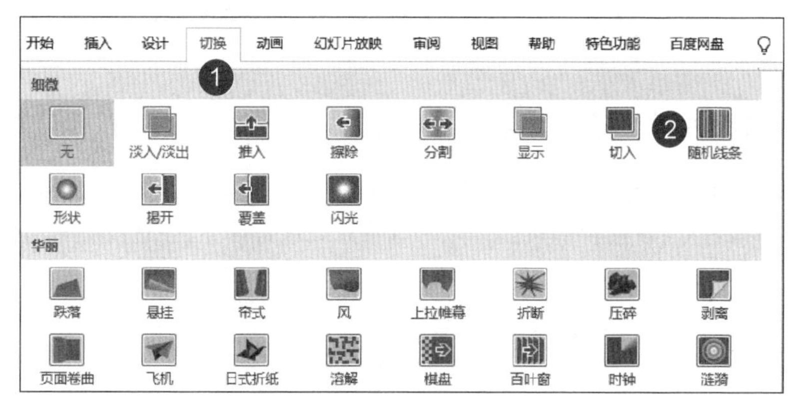

图 4-36　幻灯片切换

特别提醒:

1.注意看清题目有没有要求设置不同的切换效果。

2.如果要求每节设置不同的切换效果,可以选中节标题快速设置。

003.幻灯片的切换属性

幻灯片切换属性包括效果选项、持续时间、声音效果、换片方式等。

题目要求:要求幻灯片自左侧擦除进入,伴随风铃声。

【幻灯片切换操作步骤】

选择要设置切换效果的幻灯片→【切换】选项卡→选择【擦除】的切换效果→点击【效果选项】→效果选项选择【自左侧】→声音选择【风铃】，如图 4-37 所示。

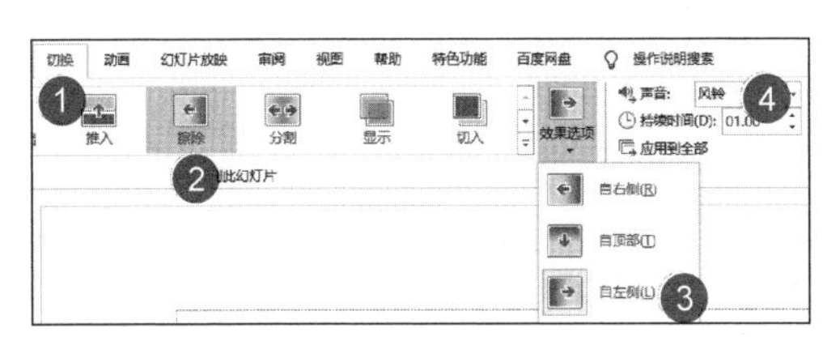

图 4-37　幻灯片的切换属性

004.设置幻灯片自动放映

题目要求：为了实现幻灯片可以在展台自动放映，设置每张幻灯片的自动放映时间为 10 秒钟。

【幻灯片自动放映操作步骤】

【切换】选项卡→勾选【设置自动换片时间】→设置为【00:10.00】→点击【应用到全部】，如图 4-38 所示。

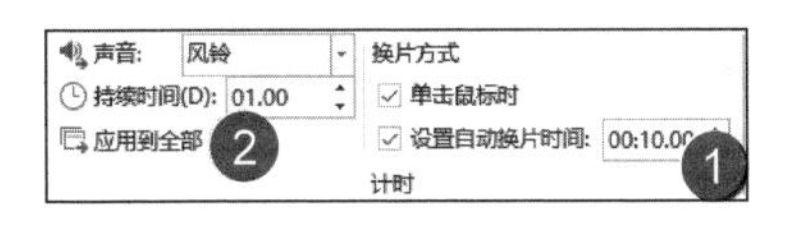

图 4-38　幻灯片自动放映

09.动画效果考点　　难度系数★★★☆☆

001.常规考点

动画类型、效果选项、动画的开始、动画的排列组合。

002.设置动画效果

题目要求：设置标题文本框自左侧飞入。

【设置动画效果操作步骤】

选中文本框→【动画】选项卡→选择【飞入】的效果→【效果选项】选择【自左侧】，如图 4-39 所示。

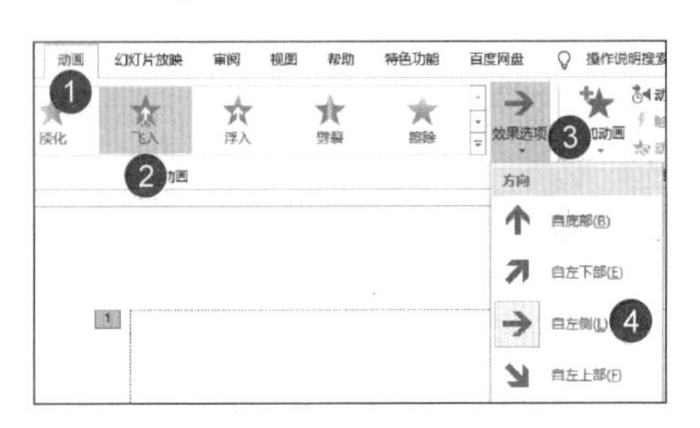

图 4-39 设置动画效果

特别提醒：PPT 共有图形、SmartArt、图表和文本框四种动画对象，动画对象不同，效果选项就不同。效果选项右下角还可以设置动画的声音、动画播放后、动画文本等，如图 4-40 所示。

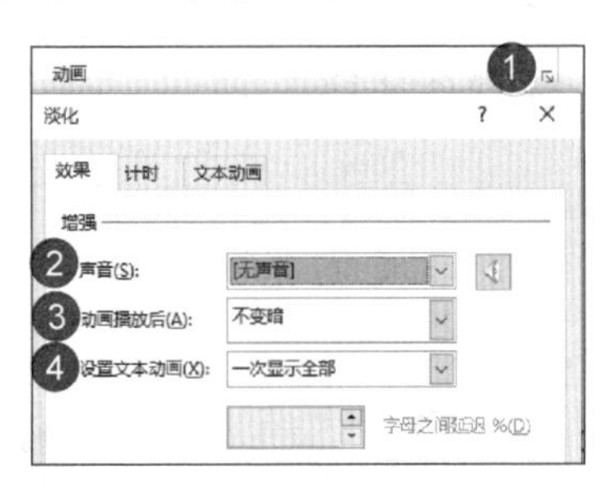

图 4-40 更多动画效果

003.单个对象添加多个动画

题目要求：给标题文本框设置飞入的动画，并设置淡化的动画效果。

【设置多个动画操作步骤】

选中【标题】文本框→【动画】选项卡→【进入】效果选择【飞入】→点击【添加动画】→选择【淡化】动画，如图 4-41 所示。

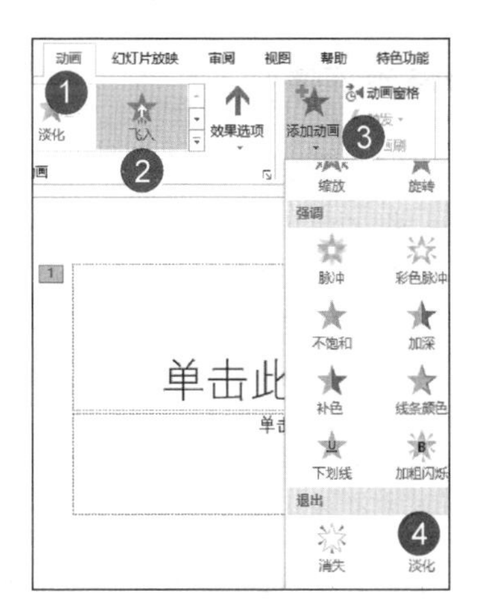

图 4-41　设置多个动画

特别提醒：设置完第一个动画之后，一定要点击【添加动画】去加上新的动画，否则会覆盖掉第一个动画。

004.设置动画播放顺序

【调整动画播放顺序操作步骤】

选中幻灯片对象→【动画】选项卡→点击【动画窗格】按钮→选择需要调整顺序的动画效果选项→按住鼠标左键不放→向上或向下拖动到合适的位置，如图 4-42 所示。

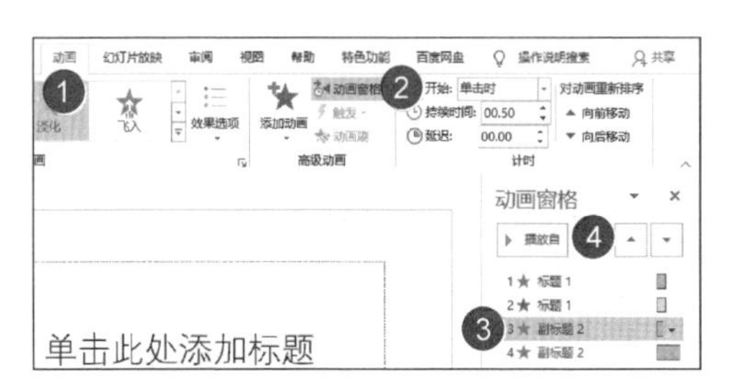

图 4-42　调整动画播放顺序

005.设置动画计时

题目要求：为三个对角圆角矩形添加“淡化”的进入动画，持续时间都为 0.5 秒。

【设置动画计时操作步骤】

选中幻灯片对象→【动画】选项卡→点击【开始】→选择动画开始的方式→【持续时间】设置动画播放时间→【延迟时间】设置延迟时间→依次设置其他动画时间，如图 4-43 所示。

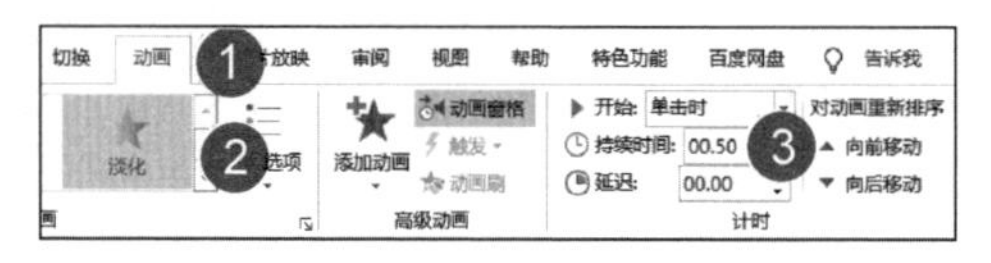

图 4-43　设置动画计时

特别提醒：使用动画窗格可以快速提高做题速度。

006.设置动画声音

题目要求：设置文本动画伴随风铃声飞入。

【设置动画声音操作步骤】

先设置【飞入】动画→【动画】选项卡→点击动画右下角对话框按钮→设置声音为【风铃】，如图 4-44 所示。

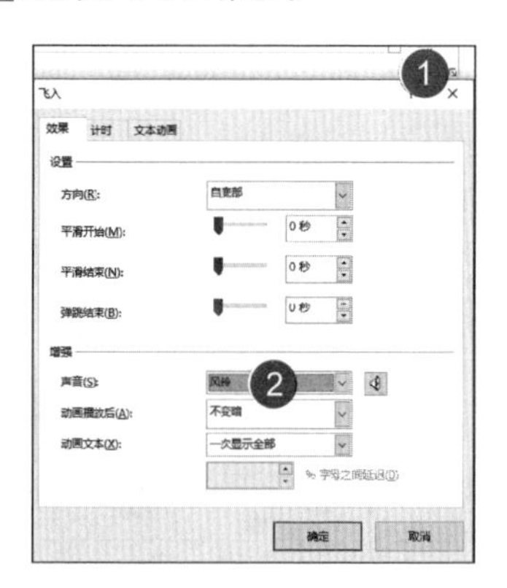

图 4-44　设置动画声音

007.设置动画延迟

题目要求：动画文本按字/词显示、字/词之间延迟百分比的值为 20%。

【设置动画延迟操作步骤】

先设置飞入动画→【动画】选项卡→点击动画右下角对话框按钮→动画文本设置【按字母顺序】→【字母之间延迟】输入【20%】，如图 4-45 所示。

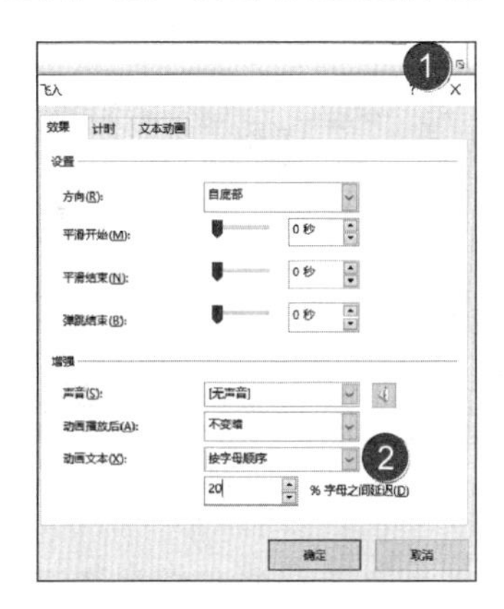

图 4-45　设置动画延迟

008.设置动画重复

【设置动画重复操作步骤】

打开动画窗格→选中动画单击右键选择【效果选项】→【计时】组输入重复【3】，如图 4-46 所示。

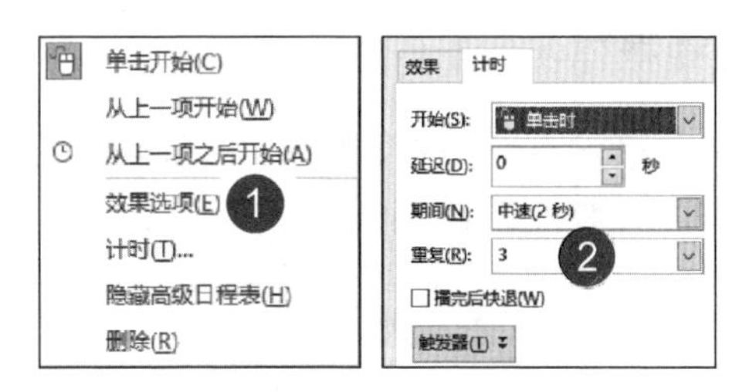

图 4-46　设置动画重复

009.触发器

题目要求：为形状设置的动画触发效果，单击形状“顶点”时，圆锥上方顶点对应的红色圆点出现。

【触发器操作步骤】

选中顶点上的红色圆点→点击【触发】按钮→选择【矩形：顶点】，如图 4-47 所示。

图 4-47 触发器

特别提醒：为了方便触发时选择正确形状，可以先选中形状，点击【开始】选项卡的【选择窗格】进行形状命名。

10.幻灯片放映考点　　难度系数★★★☆☆

001.自定义放映方案

题目要求：创建一个演示方案，该演示方案包含第 1、2、4、7 页幻灯片，并将该演示方案命名为“放映方案 1”。

【自定义放映操作步骤】

【幻灯片放映】选项卡→点击【自定义幻灯片放映】→【新建】→输入幻灯片放映名称→左侧选择要自定义放映的幻灯片→添加，如图 4-48 所示。

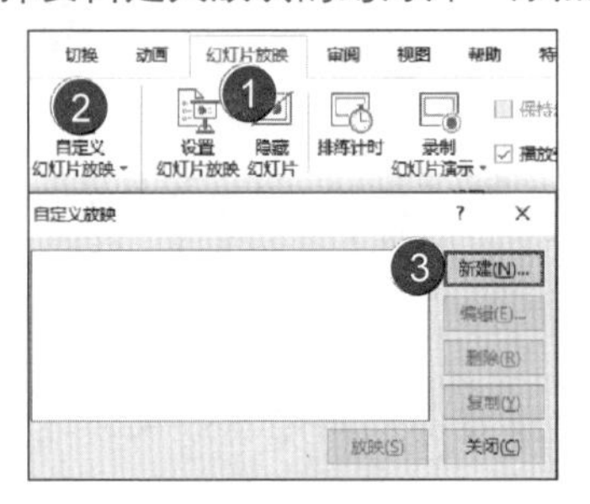

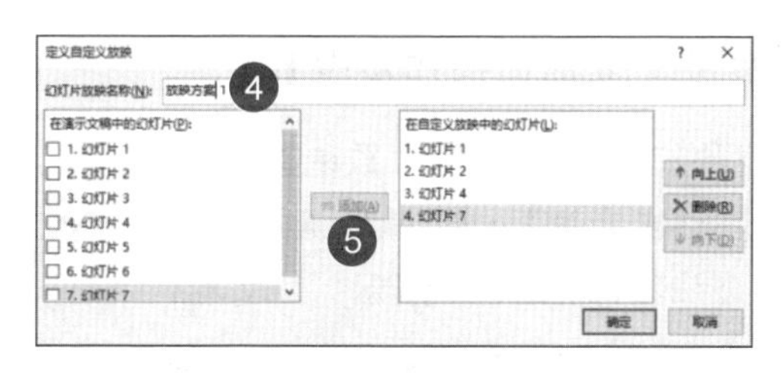

图 4-48　自定义放映

002.设置放映方式

题目要求：设置演示文稿放映方式为"循环播放，按 ESC 键终止"，推进幻灯片方式为"手动"。

【设置放映方式操作步骤】

【幻灯片放映】选项卡→【设置幻灯片放映】→勾选【循环放映，按 ESC 键终止】→【推进幻灯片】方式选择手动→确定，如图 4-49 所示。

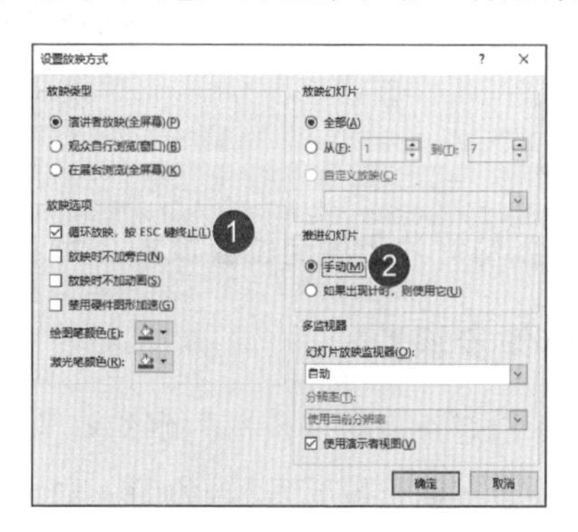

图 4-49　设置放映方式

003.放映保留荧光棒标记

题目要求：放映演示文稿，并使用荧光笔工具圈住第 6 张幻灯片中的文本"请假流程"(需要保留墨迹注释)。

【放映保留荧光棒标记操作步骤】

来到要标记的幻灯片→【幻灯片放映】→从当前幻灯片开始→单击右键→指针选项→【荧光笔】→将“请假流程”圈住→单击右键→【结束放映】→保留墨迹注释，如图 4-50 所示。

图 4-50　放映保留荧光棒标记

11.幻灯片母版考点　　难度系数★★★☆☆

001.插入 logo

题目要求：在每张幻灯片上固定位置放置公司 logo。

【插入 logo 操作步骤】

【视图】选项卡→幻灯片母版→点击左侧幻灯片母版页→【插入】选项卡→插入图片→单击右键→置于底层，如图 4-51 所示。

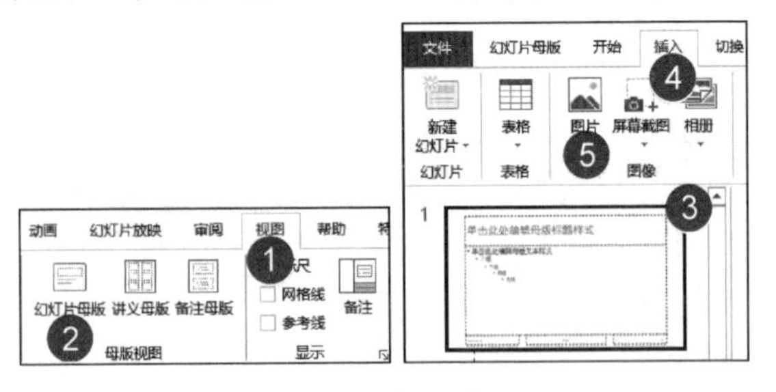

图 4-51　插入 logo

特别提醒：一定要在母版页(也就是第一页)插入图片。

002.设置字体和段落

要求统一更改各级文本字体和段落时，可以通过母版视图进行批量操作。

【设置字体和段落操作步骤】

【视图】选项卡→【幻灯片母版】→点击左侧幻灯片母版页→选中各级文本→按照题目要求进行更改。

003.添加删除版式

【添加版式操作步骤】

【视图】选项卡→【幻灯片母版】→进入幻灯片母版视图→插入版式，如图 4-52 所示。

【删除版式操作步骤】

【视图】选项卡→【幻灯片母版】→找到要删除的版式→单击右键→删除版式，如图 4-52 所示。

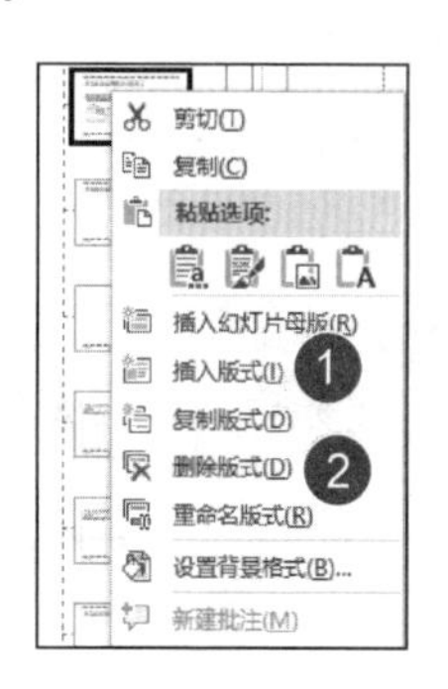

图 4-52　插入/删除版式

004.创建母版

题目要求：创建一个名为“环境保护”的幻灯片母版。

【创建母版操作步骤】

【视图】选项卡→【幻灯片母版】→【插入幻灯片母版】→光标定位在母版→单击右键→【重命名母版】→输入“环境保护”，如图 4-53 所示。

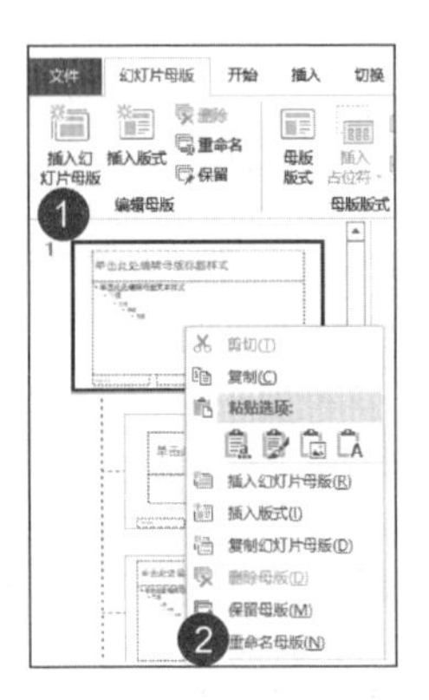

图 4-53　创建母版

005.插入占位符

题目要求：在标题框下添加 SmartArt 占位符。

【插入占位符操作步骤】

【视图】选项卡→【幻灯片母版】→【插入占位符】→选择题目要求的占位符，如图 4-54 所示。

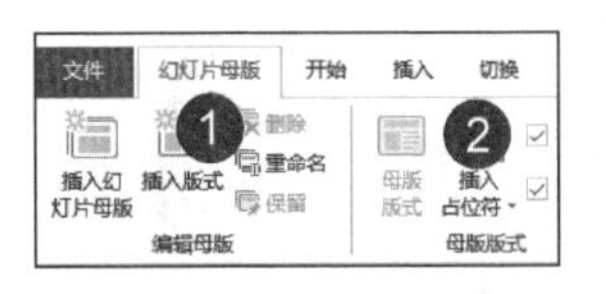

图 4-54　插入占位符

006.设置版式背景，隐藏背景

题目要求：将考生文件夹下的图片“Background.jpg”作为“标题幻灯片”版式的背景、并设置透明度为 65%。

【设置版式背景操作步骤】

【视图】选项卡→【幻灯片母版】→背景样式→设置背景格式→图片或纹理填充→插入→找到背景图片→插入→调整透明度，如图 4-55 所示。

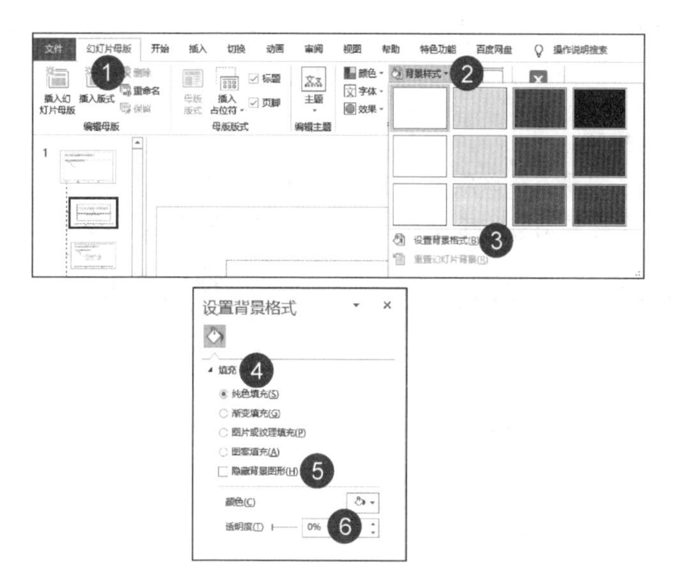

图 4-55　设置版式背景

【隐藏背景图形操作步骤】

【视图】选项卡→【幻灯片母版】→勾选隐藏背景图形。

007.插入水印

题目要求：通过幻灯片母版为每张幻灯片增加利用艺术字制作的水印效果，水印文字中应包含“新世界数码”字样，并旋转一定的角度。

【插入水印操作步骤】

【视图】选项卡→【幻灯片母版】→选择幻灯片母版的第 1 个版式→插入选项卡→艺术字→输入“新世界数码”→选中文本框旋转→关闭母版视图，如图 4-56 所示。

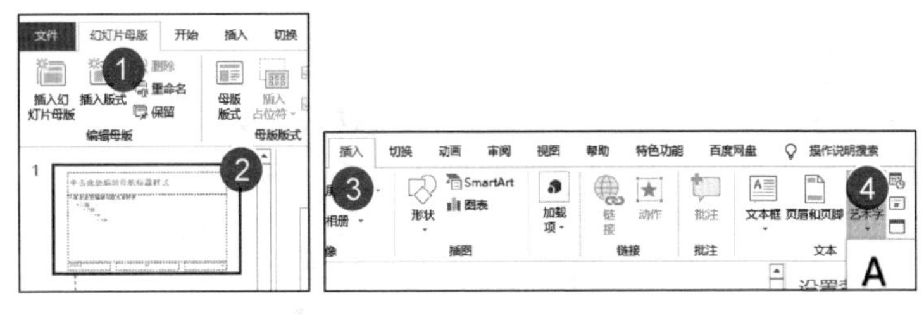

图 4-56　插入水印

特别提醒：

1.艺术字要放在母版上，才会在每张幻灯片上出现。

2.如果标题幻灯片未出现水印，原因是被主题遮挡，更换主题即可。

12.视图选项卡考点　　　难度系数★★☆☆☆

001.颜色，灰度

题目要求：设置第 6 张幻灯片中的图片在应用黑白模式显示时，以“黑中带灰”的形式呈现。

【黑白模式操作步骤】

选中图片→【视图】选项卡→【黑白模式】→【黑中带灰】，如图 4-57 所示。

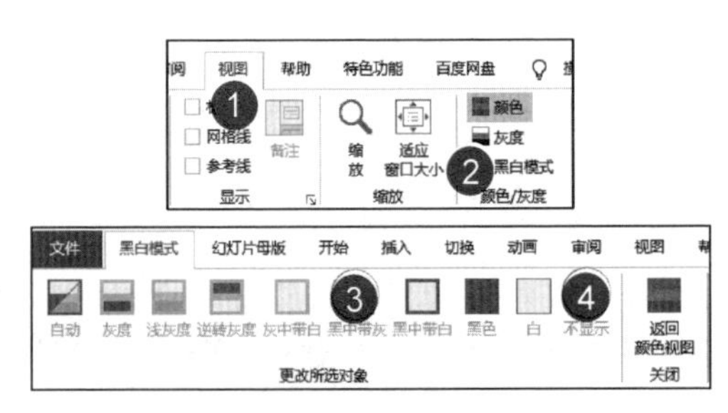

图 4-57　黑白模式

特别提醒：考试中还考查过黑白模式下【不显示】，操作方法与之类似。

002.添加文字备注

【添加文字备注操作步骤】

选中需要添加备注的幻灯片→在页面下方【单击此处添加备注】处输入备注内容，如图 4-58 所示。

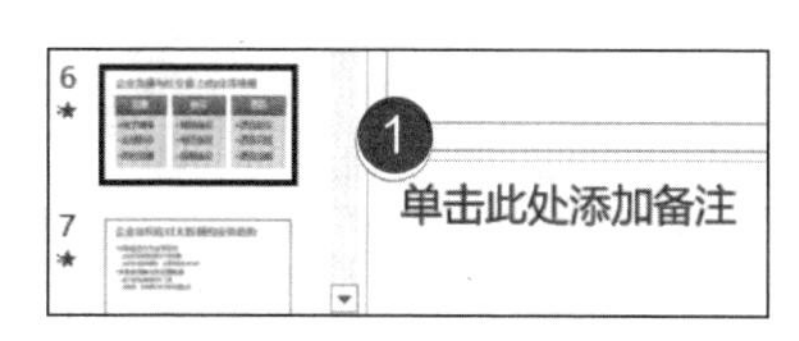

图 4-58　添加文字备注

003.添加图片备注

题目要求：在备注文字下方添加图片“Remark.png”。

【添加图片备注操作步骤】

【视图】选项卡→点击【备注页】→插入图片，如图 4-59 所示。

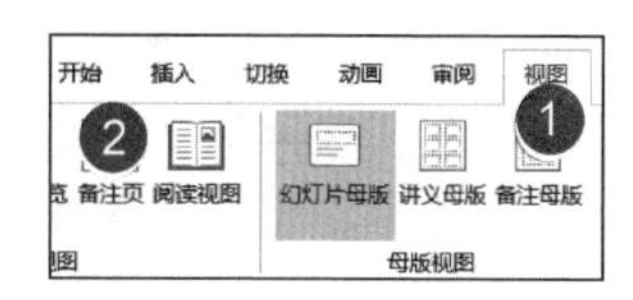

图 4-59　添加图片备注

第5章　选择题专题(计算机系统篇)

01.计算机的产生与发展　　难度系数★★☆☆☆

001.计算机的发展

1946年第一台电子计算机在美国宾夕法尼亚大学诞生,称为电子数字积分计算机,简称ENIAC,用于解决军方在新武器研制中的弹道轨迹计算问题。

冯·诺依曼在第一代计算机基础上进一步研制出EDVAC,冯·诺依曼被称为“现代电子计算机之父”,他引进了两个重要的概念:二进制和存储程序。

根据冯·诺依曼的原理和思想,计算机由输入设备、存储器、运算器、控制器和输出设备五个部分组成。

根据计算机所采用的电子元器件将计算机分为4个阶段。

第一代(1946—1958):主要元器件是电子管;

第二代(1958—1964):主要元器件是晶体管;

第三代(1964—1971):主要元器件是中小规模集成电路;

第四代(1971—至今):主要元器件是大规模、超大规模集成电路。

【真题演练】

1.世界上公认的第一台电子计算机诞生的年代是(　　)。

A.20世纪30年代　　B.20世纪40年代

C.20世纪80年代　　D.20世纪90年代

2.计算机最早的应用领域是(　　)。

A.数值计算　　B.辅助工程

C.过程控制　　D.数据处理

3.世界上公认的第一台电子计算机诞生在(　　)。

A.中国　　　　B.美国
C.英国　　　　D.日本

4.在冯·诺依曼型体系结构的计算机中引进了两个重要概念,一个是二进制,另外一个是(　　)。

A.内存储器　　　　B.存储程序
C.机器语言　　　　D.ASCII编码

5.按电子计算机元器件发展,第一代至第四代计算机依次是(　　)。

A.机械计算机,电子管计算机,晶体管计算机,集成电路计算机

B.晶体管计算机,集成电路计算机,大规模集成电路计算机,光器件计算机

C.电子管计算机,晶体管计算机,中小规模集成电路计算机,大规模和超大规模集成电路计算机

D.手摇机械计算机,电动机械计算机,电子管计算机,晶体管计算机

6.作为现代计算机基本结构的冯·诺依曼体系包括(　　)。

A.输入、存储、运算、控制和输出五个部分

B.输入、数据存储、数据转换和输出四个部分

C.输入、过程控制和输出三个部分

D.输入、数据计算、数据传递和输出四个部分

参考答案:BABBCA

002.计算机的特点、用途和分类

计算机的特点:① 高速、精确的运算能力;② 准确的逻辑判断能力;③ 强大的存储能力;④ 自动功能;⑤ 网络与通信功能。

计算机的应用领域:科学计算、数据/信息处理、过程控制、计算机辅助、网络通信、人工智能等。

计算机辅助是计算机应用的一个非常广泛的领域:计算机辅助设计(CAD)、计算机辅助制造(CAM)、计算机辅助教育(CAI)、计算机辅助技术(CAT)、计算机仿真模拟(Simulation)等。

003.计算机的分类

按计算机的性能、规模和处理能力分为:巨型机、大型通用机、微型计算机、工作站和服务器。

按计算机的用途分为:通用计算机和专用计算机。

【真题演练】

1.某企业需要为普通员工每人购置一台计算机,专门用于日常办公,通常选购的机型是(　　)。

A.超级计算机　　B.大型计算机

C.微型计算机(PC)　　D.小型计算机

2.下列的英文缩写和中文名字的对照中,正确的是(　　)。

A.CAD-计算机辅助设计　　B.CAM-计算机辅助教育

C.CIMS-计算机集成管理系统　　D.CAI-计算机辅助制造

参考答案:CA

004.未来的计算机

未来的计算机将朝着巨型化、微型化、网络化和智能化方向发展。

未来计算机的发展趋势:① 模糊计算机;② 生物计算机;③ 光子计算机;④ 超导计算机;⑤ 量子计算机:研究量子计算机的目的是为了解决计算机中的能耗问题。

【真题演练】

1.研究量子计算机的目的是为了解决计算机中的(　　)。

A.速度问题　　B.存储容量问题

C.计算精度问题　　D.能耗问题

参考答案:D

005.电子商务

电子商务进行分类:①企业之间的电子商务(B2B);②企业与消费者间的电子商务(B2C);③消费者与消费者之间的电子商务(C2C);④代理商、商家和消费者三者之间的电子商务(ABC);⑤线上与线下结合的电子商务(O2O)。

【真题演练】

1.缩写 O2O 代表的电子商务模式是(　　)。

A.企业与企业之间通过互联网进行产品、服务及信息的交换

B.代理商、商家和消费者三者共同搭建的集生产、经营、消费为一

体的电子商务平台

C.消费者与消费者之间通过第三方电子商务平台进行交易

D.线上与线下相结合的电子商务

2.企业与企业之间通过互联网进行产品、服务及信息交换的电子商务模式是(　　)。

A.B2C　　B.O2O　　C.B2B　　D.C2B

3.消费者与消费者之间通过第三方电子商务平台进行交易的电子商务模式是(　　)。

A.C2C　　B.O2O　　C.B2B　　D.B2C

参考答案:DCA

02.信息的存储与表示　　难度系数★★☆☆☆

001.计算机中的数据

计算机内部的数据以二进制表示,用 0 和 1 两个数字表示,逢二进一。计算机中最小的单位是 b(位),存储容量的基本单位是 B(字节)。8 个二进制位称为 1 个字节。

①位:位是度量数据的最小单位,在数字电路和计算机技术中采用二进制表示数据,代码只有 0 和 1。

②字节:一个字节由 8 个二进制数字组成。存储容量统一以“字节”为单位,而不是以“位”为单位。

千字节 1KB=1024B=2^{10}B

兆字节 1MB=1024KB=2^{20}B

吉字节 1GB=1024MB=2^{30}B

太字节 1TB=1024GB=2^{40}B

③字长:人们将计算机一次能够并行处理的二进制数据的位数称为该机器的字长。字长是计算机的一个重要指标,直接反映一台计算机的计算能力和精度。

【真题演练】

1.在计算机中,组成一个字节的二进制位位数是(　　)。

A.1　　B.2　　C.4　　D.8

2.小明的手机还剩余 6GB 存储空间,如果每个视频文件为

280MB,他可以下载到手机中的视频文件数量为(　　)。

A.60　　B.21　　C.15　　D.32

3.字长作为 CPU 的主要性能指标之一,主要表现在(　　)。

A.CPU 计算结果的有效数字长度

B.CPU 一次能处理的二进制数据的位数

C.CPU 最长的十进制整数的位数

D.CPU 最大的有效数字位数

4.计算机中数据的最小单位是(　　)。

A.字长　　B.字节　　C.位　　D.字符

5.计算机中组织和存储信息的基本单位是(　　)。

A.字长　　B.字节　　C.位　　D.编码

参考答案:DBBCB

002.进制

二进制:用 0 和 1 表示,基数为 2,进位规则是“逢二进一”。(数字后显示 B,表示二进制数)。

八进制:每三位二进制数,组成一个八进制数(0-7)。(数字后显示 Q,表示八进制数)。

十六进制:每四位二进制数,组成一个十六进制数(0-9,a-f)。(数字后显示 H,表示十六进制数)。

十进制转化为二进制

方法:十进制数除 2 取余法。即十进制数除 2,余数为权位上的数,得到的商值继续除 2,直到商值为 0 为止。

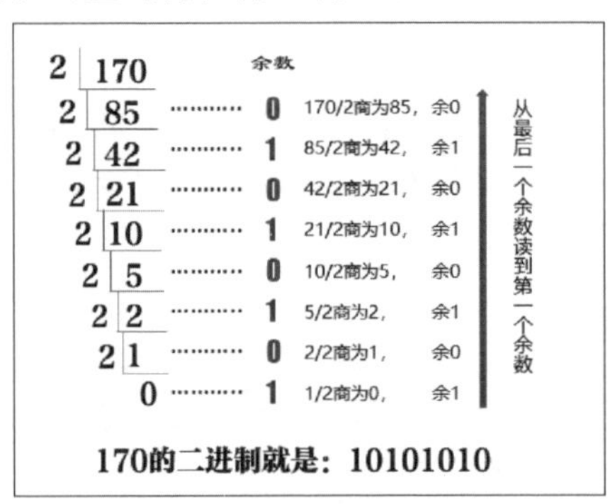

图 5-1　十进制转化为二进制

二进制转化为十进制

例子：$(37)_2 = 3 * 2^1 + 7 * 2^0 = (6)_{10}$

【真题演练】

1.计算机中所有的信息的存储都采用(　　)。

A.二进制　　B.八进制　　C.十进制　　D.十六进制

2.将十进制数 35 转换成二进制数是(　　)。

A.100011B　　B.100111B　　C.111001B　　D.110001B

3.在一个非零无符号二进制整数之后添加一个 0,则此数的值为原数的(　　)。

A.4 倍　　B.2 倍　　C.1/2 倍　　D.1/4 倍

4.假设某台计算机的硬盘容量为 20GB,内存储器的容量为 128MB,那么,硬盘的容量是内存容量的(　　)倍。

A.200　　B.120　　C.160　　D.100

5.下列各进制的整数中,值最小的是(　　)。

A.十进制数 11　　B.八进制数 11

C.十六进制数 11　　D.二进制数 11

参考答案：AABCD

003.字符编码

ASCII 码值,称为美国信息交换标准代码,是字符编码的一种。ASCII 码分 7 位码和 8 位码两种版本,都用个字节存放,国际通用的标准 ASCII 码是 7 位码(最高位是 0),共 128 种编码值(2^7),可表示 128 种字符。各种字符 ASCII 码的大小关系如下：

控制字符＜空格＜数字字符＜大写字母＜小写字母(小写字母的码值比大写字母的码值大 32)。

004.汉字的编码

一个国标码需要两个字节来表示,每个字节的最高位为 0。

区位码也称为国际区位码,是国标码的一种变形。区位码是 4 位的十进制数字,由区码和位码组成。

外码：人们通过键盘输入内容(拼音,五笔,双拼)。

内码:在计算机内部对汉字进行处理、存储和传输而编制的汉字编码。

汉字的国际码与其内码的关系是:汉字码=汉字国际码+8080H

【真题演练】

1.计算机对汉字信息的处理过程实际上是各种汉字编码间的转换过程,这些编码主要包括(　　)。

A.汉字外码、汉字内码、汉字输出码等

B.汉字输入码、汉字区位码、汉字国标码、汉字输出码等

C.汉字外码、汉字内码、汉字国标码、汉字输出码等

D.汉字输入码、汉字内码、汉字地址码、汉字字形码等

2.在微机中,西文字符所采用的编码是(　　)。

A.EBCDIC 码　　B.ASCII 码

C.国标码　　D.BCD 码

3.汉字的国标码与其内码存在的关系是:汉字的内码=汉字的国际码+(　　)。

A.1010H　　B.8081H　　C.8080H　　D.8180H

4.在拼音输入法中,输入拼音"zhengchang",其编码属于(　　)。

A.字形码　　B.地址码　　C.外码　　D.内码

参考答案:DBCC

03.计算机硬件系统　　难度系数★★☆☆☆

计算机硬件由运算器、控制器、存储器、输入设备和输出设备 5 个部分组成。其中,运算器和控制器是计算机的核心部件,这两部分合称中央处理器,简称 CPU。计算机的性能由 CPU 品质的高低决定,而 CPU 的品质主要由主频与字长决定。

001.运算器

运算器,是计算机处理数据形成信息的加工厂,它的主要功能是对二进制数码进行算术运算或逻辑运算。

运算器是衡量整个计算机性能的因素之一,其性能指标包括计算机的字长和运算速度。

①字长:指计算机一次能同时处理的二进制数据的位数。

②运算速度:通常可用每秒钟所能执行加法指令的条数来表示。常用的单位是百万次/秒。

002.控制器

控制器负责统一控制计算机,指挥计算机的各个部件自动、协调一致地进行工作。计算机的工作过程就是按照控制器的控制信号,自动有序地执行指令。

机器指令是一个按照一定格式构成的二进制代码串,用于描述一个计算机可以理解并执行的基本操作。计算机只能执行命令,它被指令所控制。机器指令通常由操作码和操作数两部分组成。

①操作码:指明指令所要完成操作的性质和功能。

②操作数:指明操作码执行时的操作对象。操作数的形式可以是数据本身,也可以是存放数据的内存单元地址或寄存器名称。

【真题演练】

1.在微型计算机中,控制器的基本功能是(　　)。

A.实现算术运算

B.存储各种信息

C.控制机器各个部件协调一致工作

D.保持各种控制状态

2.一个完整的计算机系统应当包括(　　)。

A.计算机与外设　　B.硬件系统与软件系统

C.主机,键盘与显示器　　D.系统硬件与系统软件

3.CPU 主要技术性能指标有(　　)。

A.字长、主频和运算速度　　B.可靠性和精度

C.耗电量和效率　　D.冷却效率

参考答案:CBA

003.存储器

存储器是计算机系统的记忆设备,可存储程序和数据。存储器包含以下几个组成部分:

1.寄存器

寄存器通常位于 CPU 内部,用于保存机器指令的操作数,寄存器价格昂贵导致存储空间有限。但由于存取速度非常快,使其不可或缺。

2.高速缓冲存储器

简称缓存,是存在于内存与 CPU 之间的一种存储器,容量小但存取速度比内存快得多,缓存的存在有效地解决了内存与 CPU 之间速度不匹配的问题。

3.内存储器

内存储器:内存是主板上的存储部件,用来存储当前正在执行的程序和程序所用数据空间,内存容量小,存取速度快,CPU 可以直接访问和处理内存储器。

内存储器又分为随机存储器(RAM)和只读存储器(ROM)。RAM 既可以进行读操作,也可以进行写操作。但在断电后其中的信息全部消失。ROM 中存放的信息只读不写,里面一般存放由计算机制造厂商写入并经固定化处理的系统管理程序。

4.外存储器

外存的容量一般比较大,而且大部分可以转移,便于在不同计算机之间进行交流。存放外存的程序必须调入内存才能运行,CPU 不能直接访问外存。计算机常用的外存有硬盘、光盘、U 盘等。外存有速度慢、价格低、容量大等特点。

①硬盘:一个硬盘包含多个盘片,这些盘片被安排在一个同心轴上,每个盘片分上下两个盘面,每个盘面以圆心为中心,在表面上被分为许多同心圆,称为磁道。磁道最外圈编号为 0,依次向内圈编号逐渐增大。不同盘片相同编号的磁道(半径相同)所组成的圆柱称为柱面,显然柱面数与每盘面被划分的磁道数相等。

一个硬盘的容量=磁头数(H)×柱面数(C)×每磁道扇区数(S)×每扇区字节数(B)

②光盘:分为两类:一类是只读型光盘;另一类是可记录型光盘。

只读型光盘包括 CD-ROM 和 DVD-ROM 等,它们是用一张母盘压制而成的。上面的数据只能被读取不能被写入或修改。其中 CD-R 是一次性写入光盘,它只能被写入一次,写完后数据便无法再被改写,但可以被多次读取。CD-RW 是可擦写型光盘。

【真题演练】

1.微机中访问速度最快的存储器是(　　)。

A.CD-ROM　　B.硬盘　　C.U 盘　　D.内存

2.光盘是一种已广泛使用的外存储器,英文缩写 CD-ROM 指的是(　　)。

A.只读型光盘　　B.一次写入光盘

C.追记型读写光盘　　D.可抹型光盘

3.下列关于磁道的说法中,正确的是(　　)。

A.盘面上的磁道是一组同心圆

B.由于每一磁道的周长不同,所以每一磁道的存储容量也不同

C.盘面上的磁道是一条阿基米德螺线

D.磁道的编号是最内圈为 0,并次序由内向外逐渐增大,最外圈的编号最大

参考答案:DAA

004.输入/输出设备

1.输入设备:输入设备是向计算机输入数据和信息的装置,用于向计算机输入原始数据和处理数据的程序。常用的输入设备有键盘、鼠标、触摸屏、摄像头、扫描仪、光笔、手写输入板、游戏杆、语音输入装置,还有脚踏鼠标、手触输入、传感等。

2.输出设备:输出设备的功能是将各种计算结果数据或信息以数字、字符、图像、声音等形式表示出来。输出设备的种类也很多,常见的有显示器、打印机、绘图仪、影像输出系统、语音输出系统、磁记录设备等。

【真题演练】

1.手写板或鼠标属于(　　)。

A.输入设备　　B.输出设备

C.中央处理器　　D.存储器

2.下列设备组中,完全属于输入设备的一组是(　　)。

A.CD-ROM 驱动器,键盘,显示器

B.绘图仪,键盘,鼠标器

C.键盘,鼠标器,扫描仪

D.打印机,硬盘,条码阅读器

3.计算机硬件主要包括:运算器,控制器,存储器,输入设备和(　　)。

A.键盘　　B.鼠标　　C.显示器　　D.输出设备

参考答案:ACD

005.计算机的总线结构

总线就是系统部件之间传送信息的公共通道,各部件由总线连接并通过它传递数据和控制信号。总线分为 3 种:数据总线(单线)、地址总线、控制总线。分别用于传送数据信息、地址信息、控制命令信息。

数据总线是 CPU 和主存储器、I/O 接口之间双向传送数据的通道,通常与 CPU 的位数相对应。地址总线用于传送地址信息,地址是识别存放信息位置的编号。地址总线的位数决定了 CPU 可以直接寻址的内存范围。

通用串行总线(USB)是连接主机与外部折本的一种串口总线标准,为不同的设备提供统一的连接接口,且支持热插拔。USB2.0 的理论最大传输带宽为 480Mbps,而 USB 3.0 的理论最大传输带宽可达 5.0Gbps,新一代的 USB 3.1 最大传输带宽可高达 10Gbps。

【真题演练】

1.计算机系统总线是计算机各部件间传递信息的公共通道,它分(　　)。

A.数据总线和控制总线

B.地址总线和数据总线

C.数据总线、控制总线和地址总线

D.地址总线和控制总线

2.现代计算机普遍采用总线结构,包括数据总线、地址总线、控制总线,通常与数据总线位数对应相同的部件是(　　)。

A.CPU　　B.存储器

C.地址总线　　D.控制总线

3.USB3.0 接口的理论最快传输速率为(　　)。

A.5.0Gbps　　B.3.0Gbps　　C.1.0Gbps　　D.800Mbps

参考答案:CAA

006.数据的表示

计算机中以二进制的形式储存表示数据。

定点数分为无符号数和有符号数,表示范围与机器的位数相关。

无符号数是指非负整数,机器字节的的全部位数均用来表示数值的大小,相当于数的绝对值。字长为 n 位的无符号数的表示范围是 $0 \sim 2^n - 1$。

带符号数的表示:规定二进制的最高位为符号为,最高位为“0”表示正数,为“1”表示负数。这种在机器中将符号位数码化的数称为机器数。

根据符号位和数值位的编码方法不同,机器数有三种表示方法:原码、补码、反码。

原码表示:最高位为符号位,0 表示正数,1 表示负数,数值跟随其后,并以绝对值的形式给出。

反码表示:正数的反码和原码相同。负数的反码是对该数的原码除符号位外的各位取反。一个数的反码的反码还是原码本身。

补码表示:正数的补码和原码相同。负数的补码是在该数的反码的最后一位上加 1。一个数的补码的补码还是原码本身。

定点数还有偏移码表示:不管是正数还是负数,其补码的符号位取反即是偏移码。

007.I/O 方式

①程序查询方式

程序查询输入/输出(I/O)设备是否准备好。若准备好,则 CPU 执行 I/O 操作。否则 CPU 会一直查询并等待设备准备好后执行 I/O 操作,CPU 大部分时间处于等待状态,系统效率不高。

②程序中断方式

执行程序的过程中,当出现异常或特殊情况时,CPU 停止当前程序的运行,转而执行对这些情况进行处理的程序(称为中断服务处理程序),处理结束后,再返回到现行程序的断点处继续运行。

③DMA 方式

直接内存存取是 I/O 设备与主存储器之间由硬件组成的直接数据通路。用于高速 I/O 设备和主存之间的成组数据传送。

④通道方式

通道是一个独立于 CPU 的专门管理 I/O 的处理机。进一步减轻了 CPU 的工作负担,增加了计算机系统的并行工作程度。

【真题演练】

1.I/O 方式中的通道是指(　　)。

A.I/O 设备与主存之间的通信方式

B.I/O 设备与主存之间由硬件组成的直接数据通路,用于成组数据传送

C.程序运行结果在 I/O 设备上的输入输出方式

D.在 I/O 设备上输入输出数据的程序

2.I/O 方式中的程序查询方式是指(　　)。

A.当 CPU 需要执行 I/O 操作时,程序将主动查询 I/O 设备是否准备好

B.在程序执行前系统首先检查该程序运行中所需要的 I/O 设备是否准备好

C.用程序检查系统中 I/O 设备的好坏

D.用程序启动 I/O 设备

3.I/O 方式中的程序中断方式是指(　　)。

A.当出现异常情况时,计算机将停机

B.当出现异常情况时,CPU 将终止当前程序的运行

C.当出现异常情况时,CPU 暂时停止当前程序的运行,转向执行相应的服务程序

D.当出现异常情况时,计算机将启动 I/O 设备

参考答案:BAC

04.计算机软件系统　　难度系数★★☆☆☆

软件系统是为运行、管理和维护计算机而编制的各种程序、数据和文档的总称。软件是计算机的灵魂,没有软件的计算机毫无用处。软

件是用户与硬件之间的接口,用户通过软件使用计算机硬件资源。

001.程序

程序是按照一定顺序执行、能够完成某一任务的指令集合。

程序设计语言:

①机器语言:直接用二进制代码指令表达的计算机语言。机器语言是唯一能被计算机硬件系统理解和执行的语言,效率高。

②汇编语言:相对于机器指令,汇编指令更容易掌握。但计算机无法自动识别和执行汇编语言,必须翻译成机器语言。

③高级语言:高级语言是最接近人类自然语言和数学公式的程序设计语言,它基本脱离了硬件系统。用高级语言编写的源程序在计算机中是不能直接执行的,必须翻译成机器语言程序。通常有两种翻译方式:编译方式和解释方式。

【真题演练】

1.计算机能直接识别和执行的语言是(　　)。

A.机器语言　　B.高级语言

C.汇编语言　　D.数据库语言

2.下列都属于计算机低级语言的是(　　)。

A.机器语言和高级语言

B.机器语言和汇编语言

C.汇编语言和高级语言

D.高级语言和数据库语言

3.编译程序的最终目标是(　　)。

A.发现源程序中的语法错误

B.改正源程序中的语法错误

C.将源程序编译成目标程序

D.将某一高级语言程序翻译成另一高级语言程序

4.可以将高级语言的源程序翻译成可执行程序的是(　　)。

A.库程序　　B.编译程序

C.汇编程序　　D.目标程序

5.从用户的观点看,操作系统是(　　)。

A.用户与计算机之间的接口

B.控制和管理计算机资源的软件

C.合理地组织计算机工作流程的软件

D.由若干层次的程序按照一定的结构组成的有机体

参考答案:ABCBA

002.软件系统

1.系统软件

①操作系统:系统软件中最主要的是操作系统,常用的操作系统有Windows、Unix、Linux、DOS、MacOS等。

②语言处理系统:主要包括机器语言、汇编语言、高级语言。

③数据库管理程序:数据库管理程序是应用最广泛的软件,用来建立、存储、修改和存取数据库中的信息。

2.应用软件

①办公软件:办公软件是日常办公需要的一些软件,常见的办公软件套件包括微软公司的 Microsoft Office 和金山公司的 WPS。

②多媒体处理软件:多媒体处理软件主要包括图形处理软件、图像处理软件、动画制作软件、音视频处理软件、桌面排版软件等。

③Internet 工具软件:基于 Internet 环境的应用软件,如 web 服务软件,web 浏览器,文件传送工具 FIP、远程访问工具 Telnet 等。

【真题演练】

1.JAVA 属于(　　)。

A.操作系统　　　　B.办公软件

C.数据库系统　　　　D.计算机语言

2.下列软件中,属于系统软件的是(　　)。

A.航天信息系统　　　　B.Office2003

C.WindowsVista　　　　D.决策支持系统

参考答案:DC

003.操作系统

1.操作系统发展过程,如表 5-1 所示。

表5-1　操作系统的发展

阶段名称	阶段特征
手工操作	需要手动操作计算机工作
批处理操作系统	计算机能够自动地、成批地处理一个或多个用户作业的系统
多道程序系统	同时将多个相互独立的程序放到计算机内存中,在管理程序控制下,使它们相互交叉运行的系统
分时系统	多用户交互式的操作系统,通常采用时间片轮转策略为用户服务
个人计算机操作系统	联机交互的单用户操作系统

2.进程管理

进程状态包含运行、就绪、阻塞、创建、终止五种状态。

进程的特点:动态性、并发性、独立性、结构性。

3.存储管理

①连续存储管理:分成固定分区和可变分区(动态分区),固定分区管理简单,对硬件要求较低,但容易产生内部碎片。可变分区能有效地避免每个分区对存储空间利用不充分的问题,但容易产生外部碎片。

②分页式存储管理:能有效解决碎片问题。

③分段式存储管理:能有效地解决程序员编程、用户资源共享和信息保护等问题。

④段页式存储管理:有效地提高内存的利用率并实现了段的共享。

⑤虚拟存储器管理:能从逻辑上对内存容量加以扩充的一种存储器系统,使得存储系统拥有接近外存的容量和接近内存的访问速度。

4.文件管理

文件管理包含文件系统和文件目录。

①文件系统:负责存取和管理文件信息的软件机构

②文件目录:为了根据文件名存取文件,建立的文件名和外存空间的物理地址的对应关系,称为文件目录。

5.I/O设备管理

I/O 设备分成硬件、中断处理程序、设备驱动程序、设备无关的 I/O 软件、用户程序五个层次。

【真题演练】

1.下列叙述中错误的是(　　)。

A.虚拟存储器的空间大小就是实际外存的大小

B.虚拟存储器的空间大小取决于计算机的访存能力

C.虚拟存储器使存储系统既具有相当于外存的容量又有接近于主存的访问速度

D.实际物理存储空间可以小于虚拟地址空间

2.不属于操作系统基本功能的是(　　)。

A.设备管理　　　　B.进程管理

C.存储管理　　　　D.数据库管理

参考答案:AD

第6章 选择题专题(公共基础篇)

01.数据结构与算法 难度系数★★★★☆

001.算法

算法是指解题方案的准确而完整的描述法。

1.算法的特征

①可行性:基本运算必须执行有限次来实现。

②确定性:算法的每一步都是明确的,都必须有明确定义,不能有模棱两可的解释。

③有穷性:算法必须能在有限的时间内做完。

④输入与输出:一个算法有0个或多个输入,有一个或多个输出。

2.算法的基本组成要素

①数据对象的运算和操作:包括算术运算、逻辑运算、关系运算和数据传输(赋值、输入和输出)等。

②算法的控制结构:即算法各操作步骤之间的执行顺序,一般是由顺序结构、选择结构(或分支结构)、循环结构三种基本结构组合而成的。

3.算法复杂度

①算法的时间复杂度:指执行算法所需要的运算次数或工作量。

②算法的空间复杂度:指执行这个算法所需要的存储空间。

二者之间没有直接关系。

【真题演练】

1.算法的有穷性是指(　　)。

A.算法程序的运行时间是有限的

B.算法程序所处理的数据量是有限的

C.算法程序的长度是有限的

D.算法只能被有限的用户使用

2.下列叙述中正确的是(　　)。

A.一个算法的空间复杂度大,则其时间复杂度也必定大

B.一个算法的空间复杂度大,则其时间复杂度必定小

C.一个算法的时间复杂度大,则其空间复杂度必定小

D.算法的时间复杂度与空间复杂度没有直接关系

3.算法的时间复杂度是指(　　)。

A.算法的执行时间

B.算法所处理的数据量

C.算法程序中的语句或指令条数

D.算法在执行过程中所需要的基本运算次数

参考答案:ADD

002.数据结构

数据结构指数据在计算机中如何表示、存储、管理,各数据元素之间具有怎样的关系、怎样互相运算等。

1.数据结构分类

①逻辑结构:各数据元素之间所固有的前后逻辑关系(与存储位置无关)。

②存储结构:指数据的逻辑结构在计算机中的表示和存放形式。包含顺序存储和链式存储,链式存储可以使数据插入和删除的效率更高。

2.线性结构和非线性结构

①线性结构:即各数据元素具有“一对一”关系的数据结构,包括数组、线性链表、栈、队列等。

线性结构的条件:

a.有且只有一个根结点;

b.每一个结点最多有一个前件,也最多有一个后件。

②非线性结构:前后件的关系是“一对多”或“多对多”,包括二维数组、多维数组、广义表、树(二叉树)、图等。

【真题演练】

1.下列数据结构中,属于非线性结构的是(　　)。

A.循环队列　　B.带链队列

C.二叉树　　D.带链栈

2.设数据元素的集合 D={1,2,3,4,5},则满足下列关系 R 的数据结构中为线性结构的是(　　)。

A.R={(1,2),(3,4),(5,1)}

B.R={(1,3),(4,1),(3,2),(5,4)}

C.R={(1,2),(2,3),(4,5)}

D.R={(1,3),(2,4),(3,5)}

参考答案:CB

003.线性表

线性表是最简单、最常用的一种数据结构,线性表是一种线性结构。

1.非空线性表的结构特征

①有且只有一个根结点,它无前件。

②有且只有一个终端结点,它无后件。

③除根结点与终端结点外,其他所有结点有且只有一个前件,也有且只有一个后件。线性表中结点的个数 n 称为线性表的长度。当 $n=0$ 时,称为空表。

2.线性表的顺序存储结构特点

①线性表中所有元素所占的存储空间是连续的。

②线性表中各数据元素在存储空间中是按逻辑顺序依次存放的。

【真题演练】

1.下列叙述中错误的是(　　)。

A.向量是线性结构

B.非空线性结构中只有一个结点没有前件

C.非空线性结构中只有一个结点没有后件

D.只有一个根结点和一个叶子结点的结构必定是线性结构

2.下列叙述中正确的是(　　)。

A.有一个以上根结点的数据结构不一定是非线性结构

B.只有一个根结点的数据结构不一定是线性结构

C.循环链表是非线性结构

D.双向链表是非线性结构

参考答案:DB

004.栈

栈实际上也是线性表,它所有的插入与删除都限定在表的同一端进行,允许插入与删除的一端称为栈顶(top);不允许插入与删除的另一端称为栈底(bottom);当栈中没有元素时,称为空栈。

栈的插入原则是“先进后出”或“后进先出”。

栈具有记忆作用,程序设计中的子程序调用、函数调用、递归调用等都是通过栈来实现的。

栈的基本运算有入栈运算、出栈运算、读栈顶数据元素。

①入栈运算:往栈中插入一个数据元素。

②出栈运算:从栈中删除一个数据元素。

③读栈顶数据元素:将栈顶数据元素的值赋给某个变量,如图 6-1 所示。

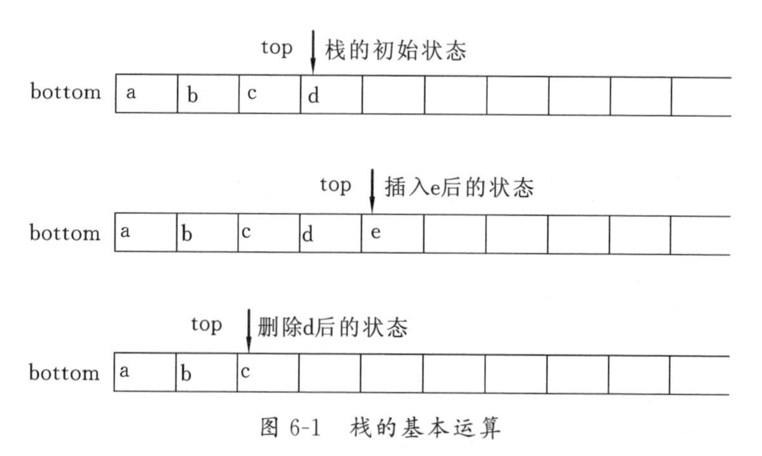

图 6-1　栈的基本运算

【真题演练】

1.下列关于栈的叙述正确的是(　　)。

A.栈按“先进先出”组织数据

B.栈按“先进后出”组织数据

C.只能在栈底插入数据

D.不能删除数据

参考答案:B

005.队列

1.队列规则

队尾允许进行插入操作,队头允许进行删除操作,按“先进先出,后进后出”的规则,如图 6-2 所示。

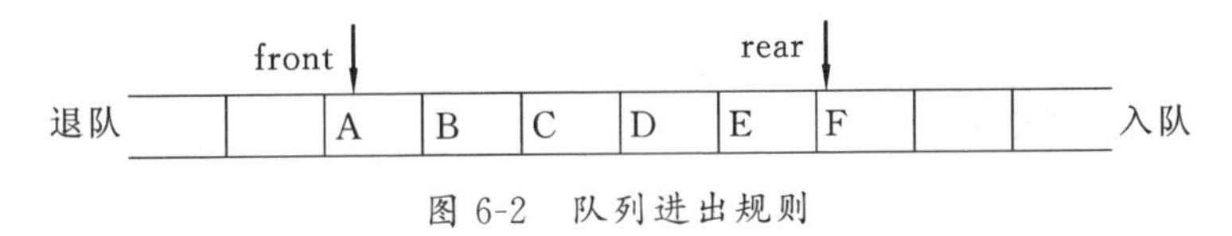

图 6-2　队列进出规则

2.循环队列

循环队列是将队列的存储空间的最后一个位置绕到第一个位置,形成逻辑上的环状空间,如图 6-3 所示。

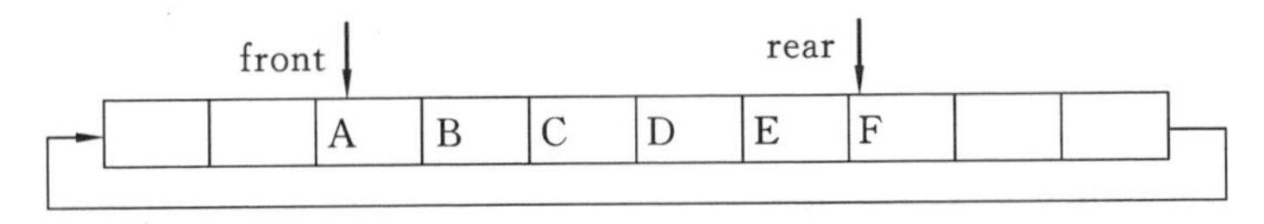

图 6-3　循环队列

循环队列中元素个数的计算方法(重点)

当 rear>front 时,元素个数等于 rear－front;

当 rear＝front 时,循环队列个数等于 0 或者 c(循环队列的容量);

当 rear<front 时,循环队列个数等于 c－|front－rear|,即总容量－差值的绝对值。

【真题演练】

1.设循环队列的存储空间为 Q(1:50),初始状态为 front=rear=50。经过一系列正常的操作后,front-1=rear。为了在该队列中寻找值最大的元素,在最坏情况下需要的比较次数为(　　)。

A.0　　B.1　　C.48　　D.49

2.下列叙述中正确的是(　　)。

A.在循环队列中,队头指针和队尾指针的动态变化决定队列的长度

B.在循环队列中,队尾指针的动态变化决定队列的长度

C.在带链的队列中,队头指针与队尾指针的动态变化决定队列的长度

D.在带链的栈中,栈顶指针的动态变化决定栈中元素的个数

参考答案:CA

006.线性链表

线性链表是线性表的链式存储结构,简称链表。

链表相比顺序表优点:

① 链表在插入或删除运算中不用移动大量数据元素,因此运算效率高。

② 链表存储空间可以动态分配并易于扩充。

【真题演练】

1.下列叙述中正确的是(　　)。

A.线性表的链式存储结构与顺序存储结构所需要的存储空间是相同的

B.线性表的链式存储结构所需要的存储空间一般要多于顺序存储结构

C.线性表的链式存储结构所需要的存储空间一般要少于顺序存储结构

D.线性表的链式存储结构与顺序存储结构在存储空间的需求上没有可比性

2.线性表的链式存储结构与顺序存储结构相比,链式存储结构的优点有(　　)。

A.节省存储空间　　B.插入与删除运算效率高

C.便于查找　　D.排序时减少元素的比较次数

参考答案:BB

007.树与二叉树

1.树

树是一种简单的非线性结构,其数据元素之间具有明显的层次结构。

树的结点分为:根结点、分支结点、叶子结点。除根结点和叶子结点外,每个结点只有一个前件(前驱),多个后件(后继)。

每个节点的唯一前驱结点称为该结点的父节点,多个后继结点称为该结点的子结点。父结点相同的互称兄弟结点。

一个结点的后件的个数称为该结点的度(分支度),所有结点中最大的度称为树的度。树的最大层次称为树的深度。

2.二叉树

①在二叉树的第 k 层上最多有 $2^{k-1}(k \geqslant 1)$个结点。

②深度为 m 的二叉树最多有 $2^m-1(m \geqslant 1)$个结点。

③对于任何二叉树而言,度为 0(叶子结点)的结点总是比度为 2 的结点多一个。

④具有 n 个结点的二叉树深度至少为$[\log_2 n]+1$,其中,$[\log_2 n]$表示取$\log_2 n$ 的整体部分。

3.满二叉树

满二叉树在第 k 层上有 2^{k-1}个结点,深度为 m 的满二叉树有 2^m-1个结点。

4.完全二叉树

完全二叉树是指除了最后一层外,每一层上的所有结点都有两个子结点,在最后一层上只缺少右边的若干结点。完全二叉树中,度为 1 的结点个数,不是 0 就是 1。

若完全二叉树具有 n 个结点，且从根结点开始，按层次从左到右用 $1,2,\cdots,n$ 给结点进行编号，则对于编号为 $k(1\leqslant k\leqslant n)$ 的结点有以下结论。

①若 $k=1$，则该结点为根结点，它没有父结点；若 $k>1$，则该结点的父结点的编号为 INT($k/2$)。

②若 $2k\leqslant n$，则编号为 k 的左子结点编号为 $2k$；否则该结点无左子结点(显然也没有右子结点)。

③若 $2k+1\leqslant n$，则编号为 k 的右子结点编号为 $2k+1$；否则该结点无右子结点。

5.二叉树的遍历

二叉树的遍历是指不重复地访问二叉树中所有的结点，根据遍历方式的不同，可分为前序遍历、中序遍历和后序遍历，各遍历方式如下：

①前序遍历首先访问根结点，然后遍历左子树，最后遍历右子树(根左右)；

②中序遍历首先遍历左子树，然后访问根结点，最后遍历右子树(左根右)；

③后序遍历首先遍历左子树，然后遍历右子树，最后访问根结点(左右根)。

如图 6-4 所示，该二叉树的前序：ABCDEFG；中序：CBDAFEG；后序：CDBFGEA。

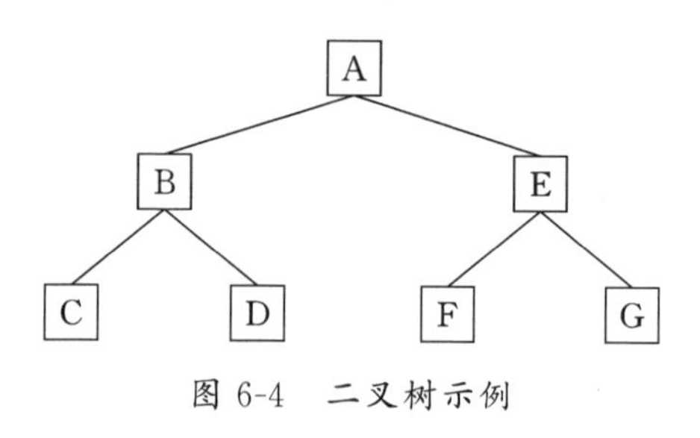

图 6-4　二叉树示例

【真题演练】

1.下列关于二叉树的叙述中，正确的是(　　)。

A.叶子结点总是比度为2的结点少一个

B.叶子结点总是比度为2的结点多一个

C.叶子结点数是度为2的结点数的两倍

D.度为2的结点数是度为1的结点数的两倍

2.一棵二叉树共有25个结点,其中5个是叶子结点,则度为1的结点数为(　　)。

A.16　　B.10　　C.6　　D.4

3.某二叉树的前序序列为ABCD,中序序列为DCBA,则后序序列为(　　)。

A.BADC　　B.DCBA　　C.CDAB　　D.ABCD

参考答案:BAB

008.查找技术

1.顺序查找

长度为n的线性表,查找一个数据最坏需查找n次,平均需要查找$n+1/2$;

长度为n的线性表,查找最大(最小)值需查找$n-1$次。

2.二分法查找

二分法查找也称对分查找,它只适用于顺序存储结构的有序线性表,且该有序线性表的数据元素按值非递减排列(即从小到大,但允许相邻元素相等)。

在最坏情况下,二分法查找只需要查找$\log_2 n$次。

【真题演练】

1.下列算法中均以比较作为基本运算,则平均情况与最坏情况下的时间复杂度相同的是(　　)。

A.在顺序存储的线性表中寻找最大项

B.在顺序存储的线性表中进行顺序查找

C.在顺序存储的有序表中进行对分查找

D.在链式存储的有序表中进行查找

2.在长度为n的顺序表中查找一个元素,假设需要查找的元素有一半的机会在表中，并且如果元素在表中，则出现在表中每个位置上的可能性是相同的。则在平均情况下需要比较的次数大约为(　　)。

A.$3n/4$　　B.n　　C.$n/2$　　D.$n/4$

参考答案：AA

009.排序技术

排序分类以及对应的时间复杂度，如表 6-1 所示。

表 6-1　排序分类

类别	排序方法	时间复杂度
交换类	冒泡排序	$N(N-1)/2$
	快速排序	$N(N-1)/2$
插入类	简单插入排序	$N(N-1)/2$
	希尔排序	$O(n^{1.5})$
选择类	简单选择排序	$N(N-1)/2$
	堆排序	$O(n\mathrm{Log}_2 n)$

【真题演练】

1.下列排序方法中，最坏情况下比较次数最少的是(　　)。

A.冒泡排序　　B.简单选择排序

C.直接插入排序　　D.堆排序

2.对长度为 n 的线性表排序，在最坏情况下，比较次数不是 $n(n-1)/2$ 的排序方法是(　　)。

A.快速排序　　B.冒泡排序

C.直接插入排序　　D.堆排序

3.对长度为 10 的线性表进行冒泡排序，最坏情况下需要比较的次数为(　　)。

A.9　　B.10　　C.45　　D.90

参考答案：DDC

02.程序设计基础　　难度系数★★★★☆

001.程序设计方法

常用的程序设计方法有结构化程序设计方法、面向对象方法和软件工程方法。

良好的程序设计风格:清晰第一、效率第二(注意顺序)。

002.结构化程序设计

1.结构化程序设计的原则

结构化程序设计的原则可以概括为自顶向下、逐步求精、模块化、限制使用 goto 语句。

2.结构化程序的基本控制结构

程序设计语言主要使用顺序结构、选择结构和循环结构这 3 种基本控制结构。

3.结构化程序设计原则和方法的应用

在结构化程序设计的具体实施中,需要注意以下几点:

(1)使用程序设计语言的顺序结构、选择结构、循环结构等优先的控制结构表示程序的控制逻辑。

(2)选用的控制结构只能有一个入口和一个出口。

(3)使用程序语句组成容易识别的块,每块只有一个入口和一个出口。

(4)应用嵌套的基本控制结构进行组合嵌套来实现复杂结构。

(5)应采用前后一致的方法模拟语言中没有的控制结构。

(6)严格控制 goto 语句的使用。

【真题演练】

1.结构化程序设计强调(　　)。

A.程序的易读性　　B.程序的效率

C.程序的规模　　D.程序的可复用性

2.结构化程序设计的基本原则不包括(　　)。

A.多态性　　B.自顶向下

C.模块化　　D.逐步求精

3.下面不属于结构化程序设计风格的是(　　)。

A.程序结构良好　　B.程序的易读性

C.不滥用 goto 语句　　D.程序的执行效率

4.结构化程序的三种基本结构是(　　)。

A.递归、迭代和回溯　　B.过程、函数和子程序

C.顺序、选择和循环　　D.调用、返回和选择

5.结构化程序所要求的基本结构不包括(　　)。

A.顺序结构　　B.GOTO 跳转

C.选择(分支)结构　　D.重复(循环)结构

参考答案:AADCB

003.面向对象的程序设计

对象是实体的抽象,由对象名、属性、操作三部分组成,属性即对象所包含的信息,操作描述了对象执行的功能,操作也称为方法或服务。

1.对象具有以下特点

①标识唯一性;②分类性;③多态性;④封装性;⑤模块独立性;⑥继承。

2.面向对象方法的优点

① 与人类思维方法一致;② 稳定性好;③ 可重用性好;④ 易于开发大型软件产品;⑤ 可维护性好。

类:是具有共同属性、共同方法的对象的集合,它是关于对象的抽象描述,并反映了属于该对象类型的所有对象的性质。

【真题演练】

1.在面向对象方法中,不属于“对象”基本特点的是(　　)。

A.一致性　　B.分类性

C.多态性　　D.标识唯一性

2.面向对象方法中,继承是指(　　)。

A.一组对象所具有的相似性质

B.一个对象具有另一个对象的性质

C.各对象之间的共同性质

D.类之间共享属性和操作的机制

3.下列选项中属于面向对象设计方法主要特征的是(　　)。

A.继承　　B.自顶向下

C.模块化　　D.逐步求精

4.下列选项中,不是面向对象主要特征的是(　　)。

A.复用　　B.抽象

C.继承　　D.封装

参考答案:ADAA

03.软件工程基础　　难度系数★★★☆☆

001.软件工程基本概念

软件是包括程序、数据及相关文档的完整集合。

软件的特点:

①软件是一种逻辑实体,具有抽象性。

②软件的生产与硬件不同,没有明显的制作过程。

③软件在运行、使用期间不存在磨损、老化问题。

④软件的开发、运行对计算机系统具有依赖性,会给软件移植带来很多问题。

⑤软件复杂性高,成本昂贵,现在软件成本已经大大超过硬件成本。

⑥软件开发涉及诸多的社会因素。

软件按功能可以分为应用软件、系统软件、支撑软件(或工具软件)。

①应用软件是为解决特定领域的应用而开发的软件。

②系统软件是计算机管理自身资源,提高计算机使用效率并服务于其他程序的软件。系统软件例如:操作系统、数据库管理系统、编译程序、汇编程序。

③支撑软件是介于系统软件和应用软件之间,协助用户开发软件的工具性软件。

【真题演练】

1.构成计算机软件的是(　　)。

A.源代码　　B.程序和数据

C.程序和文档　　D.程序、数据及相关文档

2.计算机软件分系统软件和应用软件两大类,其中系统软件的核心是(　　)。

A.数据库管理系统　　B.操作系统

C.程序语言系统　　D.财务管理系统

参考答案:DB

002.软件危机和软件工程

软件危机主要表现在:

①软件需求的增长得不到满足。用户对系统不满意的情况经常发生。

②软件开发成本和进度无法控制。

③软件质量难以保证。

④软件不可维护或维护程度非常低。

⑤软件测试成本不断提高。

⑥软件开发生产率的提高赶不上硬件的发展和应用需求的增长。

可以将软件危机归结为成本、质量、生产率等问题。

软件工程包括 3 要素:方法、工具和过程。

【真题演练】

1.下面描述中,不属于软件危机表现的是(　　)。

A.软件过程不规范　　B.软件开发生产率低

C.软件质量难以控制　　D.软件成本不断提高

2.下面属于软件工程三要素的是(　　)。

A.方法、工具和过程　　B.方法、工具和平台

C.方法、工具和环境　　D.工具、平台和过程

参考答案:AA

003.软件的生命周期

软件的生命周期从提出、实现、使用维护到停止使用退役的过程。

软件生命周期分为三个阶段。

①软件定义阶段:包括可行性研究制定计划、需求分析。

②软件开发阶段:包括总体设计、详细设计、编码和测试。

③软件维护阶段:在运行中不断维护,根据需求扩充和修改。

【真题演练】

1.软件生命周期是指(　　)。

A.软件产品从提出、实现、使用维护到停止使用退役的过程

B.软件从需求分析、设计、实现到测试完成的过程

C.软件的开发过程

D.软件的运行维护过程

2.软件生命周期中的活动不包括(　　)。

A.市场调研　　B.需求分析

C.软件测试　　D.软件维护

3.软件生命周期可分为定义阶段、开发阶段和维护阶段,下面不属于开发阶段任务的是(　　)。

A.测试　　B.设计

C.可行性研究　　D.实现

参考答案:AAC

004.结构化分析方法

1.需求分析及其方法

需求分析阶段的工作主要有4个方面:①需求获取;②需求分析;③编写需求规格说明书;④需求评审。

2.结构化分析方法常用工具

①数据流图(DFD);②数据字典(DD);③判定表;④判定树。数据字典是结构化分析方法的核心。

3.数据流图(DFD)

建立数据流图的步骤:由外向里→自顶向下→逐层分解。

数据流图常用元素说明,如表 6-2 所示。

表 6-2　数据流图常用元素说明

图形元素	图形元素说明
椭圆	加工(转换):输入数据经加工变换产生输出
箭头	数据流:沿箭头方向传送数据的通道,通常在旁边标注数据流名
双横线	存储文件(数据源):处理过程中存放各种数据的文件
矩形	数据的源点和终点:表示系统和环境的接口,属于系统外的实体

4.数据字典(DD)

数据字典是结构化分析方法的核心。数据字典是对所有与系统相关的数据元素的一个有组织的列表,以及精确的、严格的定义,使得用户和系统分析员对于输入、输出、存储成分和中间计算结构有共同的理解。

5.判定树

使用自然语言无法清晰准确表达判定条件之间的从属关系、并列关系和选择关系,则使用判定树表。

6.判定表

若完成数据流图中加工的一组动作是由某一组条件取值的组合而引发的,则使用判定表。判定表组成部分:①基本条件;②条件项;③基本动作项;④动作项。

【真题演练】

1.下面描述中错误的是(　　)。

A.系统总体结构图支持软件系统的详细设计

B.软件设计是将软件需求转换为软件表示的过程

C.数据结构与数据库设计是软件设计的任务之一

D.PAD 图是软件详细设计的表示工具

2.下面不能作为结构化方法软件需求分析工具的是(　　)。

A.系统结构图　　　　B.数据字典(D-D)

C.数据流程图(DFD 图)　　　　D.判定表

3.在软件开发中,需求分析阶段可以使用的工具是(　　)。

A.N-S 图　　　　B.DFD 图

C.PAD 图　　　　D.程序流程图

参考答案:AAB

005.软件需求规格说明书

1.软件需求规格说明书的作用

①便于用户、开发人员进行理解和交流。

②反映出用户问题的结构,可以作为软件开发工作的基础和依据。

③作为确认测试和验收的依据。

④为成本估算和编制计划进度提供基础。

⑤软件不断改进的基础。

2.软件需求规格说明书的内容

软件需求规格说明应重点描述软件的目标、功能需求、性能需求、外部接口、属性及约束条件等。

3.软件需求规格说明书的特点

① 正确性;② 无歧义性;③ 完整性;④ 可验证性;⑤ 一致性;⑥ 可理解性;⑦ 可修改性;⑧ 可追踪性。

【真题演练】

1.在软件开发中,需求分析阶段产生的主要文档是(　　)。

A.可行性分析报告　　　　B.软件需求规格说明书

C.概要设计说明书　　　　D.集成测试计划

2.软件需求规格说明书的作用不包括(　　)。

A.软件验收的依据

B.软件设计的依据

C.用户与开发人员对软件要做什么的共同理解

D.软件可行性研究的依据

3.下面不属于软件需求分析阶段任务的是(　　)。

A.需求配置　　　　B.需求获取

C.需求分析　　　　D.需求评审

参考答案:BDA

006.结构化设计方法

1.技术角度

软件设计包括软件结构设计、数据设计、接口设计、过程设计 4 个要点。

2.工程管理角度

软件设计分为概要设计(结构设计)和详细设计两部分。

3.软件设计的基本原理

软件设计应遵循软件工程的基本原理,主要包括抽象、逐步求精(模块化)、信息屏蔽(局部化)、模块独立性 4 个方面。

①耦合性:用于衡量不同模块相互连接的紧密程度。

②内聚性:用于衡量一个模块内部各个元素间彼此结合的紧密程度。

好的软件设计应做到高内聚、低耦合。

【真题演练】

1.软件设计一般划分为两个阶段,两个阶段依次是(　　)。

A.总体设计(概要设计)和详细设计

B.算法设计和数据设计

C.界面设计和结构设计

D.数据设计和接口设计

2.软件设计中划分模块的一个准则是(　　)。

A.低内聚低耦合　　B.高内聚低耦合

C.低内聚高耦合　　D.高内聚高耦合

参考答案:AB

007.程序结构图模块之间的调用关系

程序结构图反映整个系统的模块划分及模块之间的调用关系。

矩形表示模块,箭头表示模块间调用关系。

深度:结构图的层数。

宽度:结构图的整体跨度(拥有最多模块的层的模块数)。

扇入:调用某个模块的模块个数(模块头顶的线条数)。

扇出:模块直接调用其他模块的个数(模块下面的线条数)。

【真题演练】

某系统总体结构如下图所示。

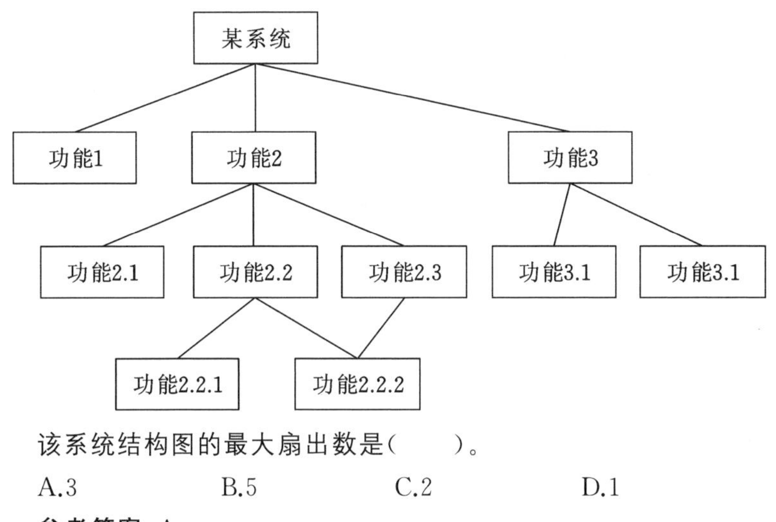

该系统结构图的最大扇出数是(　　)。

A.3　　B.5　　C.2　　D.1

参考答案:A

008.面向数据流的结构化设计方法

1.设计的准则

①提高模块的独立性。

②模块规模、深度、宽度、输入和输出都应适中。

③模块的作用域在控制域之内。

④降低模块接口和界面的复杂程度。

⑤模块设计为单入口、单出口。

⑥模块功能可以预测。

2.程序流程图

程序流程图又称程序框图,它表达直观、结构清晰并易于掌握。根据结论化程序设计的要求,程序流程图构成的控制结构有顺序结构、选择结构、多分支选择型结构、先判断重复型结构、后判断重复型结构。

3.N-S 图

N-S 图又称为盒图，它避免了流程图在描述程序逻辑时的随意性与灵活性。

4.PAD 图

PAD 图结构清晰，容易阅读，是一种支持结构化算法的图形表达工具。PAD 图的程序执行过程：从 PAD 图最左主干线上端结点起，自上而下，自左向右依次执行，并于最左主干线终止程序。

【真题演练】

1.软件详细设计生产的图如下：该图是(　　)。

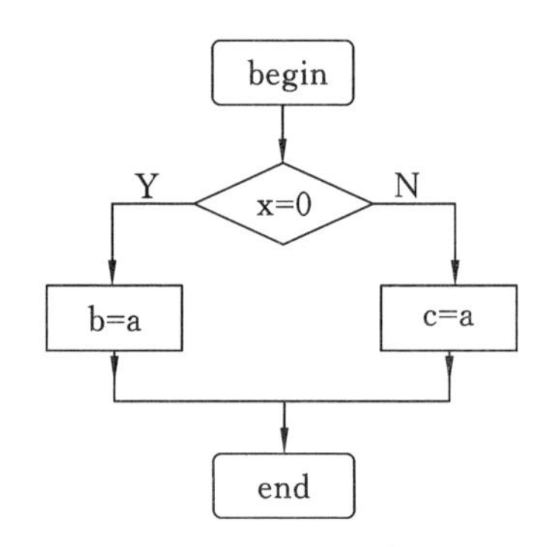

A.N-S 图　　B.PAD 图　　C.程序流程图　　D.E-R 图

参考答案：C

009.软件测试

软件测试是用于评价系统或构件的某些方面，以评估是否满足目标需求软件测试的，目的是为了发现软件中的错误。

1.测试方法

根据是否需要运行被测软件：静态测试，动态测试。

根据是否考虑软件内部逻辑结构：白盒测试，黑盒测试。

① 白盒测试：逻辑覆盖测试(判定一条件覆盖)，基本路径测试。

② 黑盒测试：等价类划分法，边界值分析法，错误推测法。

2.软件测试的实施

软件测试的过程一般按 4 个步骤依次进行：①单元测试；②集成测

试;③验收测试(确认测试);④系统测试。

【真题演练】

1.下面叙述中错误的是(　　)。

A.软件测试的目的是发现错误并改正错误

B.对被调试的程序进行“错误定位”是程序调试的必要步骤

C.程序调试通常也称为 Debug

D.软件测试应严格执行测试计划,排除测试的随意性

2.软件测试的目的是(　　)。

A.评估软件可靠性　　B.发现并改正程序中的错误

C.改正程序中的错误　　D.发现程序中的错误

3.下面不属于软件测试实施步骤的是(　　)。

A.集成测试　　B.回归测试

C.确认测试　　D.单元测试

4.下面属于白盒测试方法的是(　　)。

A.等价类划分法　　B.逻辑覆盖

C.边界值分析法　　D.错误推测法

5.在黑盒测试方法中,设计测试用例的主要根据是(　　)。

A.程序内部逻辑　　B.程序外部功能

C.程序数据结构　　D.程序流程图

参考答案:ADBBB

010.程序调试

软件测试是尽可能多地发现软件中的错误,而不负责修改。调试是在发现错误之后排除错误的过程。

04.数据库设计基础　　难度系数★★★★★

001.数据库系统的基本知识

1.数据库的基本名词

①数据;②数据库;③数据库管理系统;④数据库管理员;⑤数据库系统;⑥数据库应用系统。

数据库系统（DBS）包含数据库（DB）和数据库管理系统图（DBMS），而数据库管理系统（DBMS）是数据库系统的核心。

数据库应用系统是数据库系统进行应用开发的结果，它由数据库、数据库管理系统、数据库管理员、硬件平台、软件平台、应用软件、应用界面构成。

2.数据库系统的发展

①人工管理阶段：是人为的管理数据，效率低且不能提供完整、统一的管理和数据共享。

②文件系统阶段：文件系统阶段是数据库系统发展的初级阶段，能够简单地共享数据并管理数据，但不能提供完整、统一的管理和数据共享。

③数据库系统阶段：数据库系统阶段中占据主导地位的是关系数据库系统，其结构简单、方便使用、逻辑性强。

数据库系统的特点：集成性、高共享性和低冗余性、独立性和统一管理和控制。

3.数据库系统的内部结构体系

(1)数据库字体的三级模式结构

数据库系统在其内部分为三级模式，即概念模式、内模式和外模式。一个数据库只有一个概念模式和一个内模式，但有多个外模式。

(2)数据库系统的两级映射

数据库系统在三级模式之间提供了两级映射：外模式/概念模式的映射和概念模式/内模式的映射。两级映射提高了数据库中数据的逻辑独立性和物理独立性。

①外模式/概念模式的映射。

②概念模式/内模式的映射。

【真题演练】

1.数据库管理系统是(　　)。

A.操作系统的一部分

B.在操作系统支持下的系统软件

C.一种编译系统

D.一种操作系统

2.数据库应用系统中的核心问题是(　　)。

A.数据库设计　　B.数据库系统设计

C.数据库维护　　D 数据库管理员培训

3.在数据管理技术发展的三个阶段中,数据共享最好的是(　　)。

A.人工管理阶段　　B.文件系统阶段

C.数据库系统阶段　　D.三个阶段相同

4.下面描述中不属于数据库系统特点的是(　　)。

A.数据共享　　B.数据完整性

C.数据冗余度高　　D.数据独立性高

5.数据库系统的三级模式不包括(　　)。

A.概念模式　　B.内模式　　C.外模式　　D.数据模式

参考答案:BACCD

002.关系型数据库及相关概念

关系型数据库由多张二维表组成。

记录(元组):二维表中的每一行称为一条记录(不允许有完全相同的记录存在)。

字段(属性):二维表中的每一列称为一个字段。

关系(二维表):一张二维表在关系数据库中称为一个关系。

关系模式(RS):对一张二维表的行定义,称为关系模式(即表头部分)。

关系模式的格式为:关系名(属性 1, 属性 2, …,属性 n)。

码(候选码,主码,key)。

候选码(候选键,候选关键字):能唯一确定某行数据的列(比如学号,身份证号等不重复的值)。

主码(主键,主关键字,简称码,键,关键字,key):从多个候选码中,选出一个实际使用的,称为主码,主码也可由多列组成,比如"(学号,课号)"。

全码:极端情况下,所有列共同组合成主码,称全码(表必须有主码)。

外码(外关键字):某列在该表中不是主码,但在其他某张表中是主码,则称该列是该表的外码。

【真题演练】

在关系 A(S,SN,D)和 B(D,CN,NM)中,A 的主关键字是 S, B 的主关键字是 D,则 D 是 A 的(　　)。

A.候选键(码)　B.主键(码)　C.外键(码)　D.属性

参考答案:C

003.数据模型

数据模型是数据特征的抽象,它将复杂的现实世界要求反映到计算机数据库中的物理世界。

1.数据模型的 3 要素

①数据结构;②数据操作;③数据约束。

2.数据模型的类型

①概念数据模型;②逻辑数据模型;③物理数据模型。

3.E-R 模型

①E-R 模型概念的图形表示及含义(如图 6-3 所示)

表 6-3　E-R 数据模型概念

E-R 模型概念	图形表示	含义
实体	矩形	客观存在且能够相互区别的事物
联系	菱形	实体之间的对应关系,反映现实世界事物之间的联系
属性	椭圆形	用来描述实体的特征

②实体集间的联系

现实世界是实体联系的整体,实体集间联系的个数可以是单个,也可以是多个。

a)一对一联系(1:1):一个学校只有一个校长,一个校长是属于一个学校。

b)一对多联系(1:n):一个班级有多个学生,多个学生属于一个班级。

c)多对多联系($n:m$):一个班级有多个老师,每个老师在多个班级上课。

4.层次模型

层次模型是用树形结构表示实体及其之间联系的模型。在层次模型中,结点是实体,数枝是联系,从上到下是以少对多的关系。

5.网状模型

用网状结构表示实体及其之间联系的模型称为网状模型。

6.关系模型

关系模型是常用的数据模型之一,它是建立在关系上的数据操作,常用的关系操作有查询、删除、插入和修改 4 种。

关系模型的 3 种数据约束:①实体完整性约束(主键不能为空或者重复);②参照完整性约束;③定义完整性约束。

【真题演练】

1.数据库概念设计阶段得到的结果是(　　)。

A.E-R 模型　　B.数据字典　　C.关系模型　　D.物理模型

2.E-R 图中用来表示实体的图形是(　　)。

A.矩形　　B.三角形　　C.菱形　　D.椭圆形

3.在进行逻辑设计时,将 E-R 图中实体之间联系转换为关系数据库的(　　)。

A.关系　　B.元组　　C.属性　　D.属性的值域

4.一间宿舍可住多个学生,则实体宿舍和学生之间的联系是(　　)。

A.一对一　　B.一对多　　C.多对一　　D.多对多

5.用树型结构表示实体之间联系的模型是(　　)。

A.关系模型　　B.层次模型

C.网状模型　　D.运算模型

参考答案:AAABB

004.关系代数

关系代数是表与表之间的运算,就是关系与关系之间的运算(运算的对象和结果都是关系)。

1.传统集合运算

① 差(R−S):由属于 R 但不属于 S 的行组成,(R 与 S 的列数相同,各列数据类型也一致)。

② 并(RUS):由属于 R 和 S 的记录,合并成新表,且去掉重复的行(R 与 S 的列数相同,各列数据类型也一致)。

③ 交(R∩S):R 和 S 中相同的记录组成新表。R∩S=R−(R−S)(R 与 S 的列数相同,各列数据类型也一致)。

④ 笛卡尔积(R×S):R 中的每一行分别与 S 中的每一行,两两组合的结果。

结果表的行数是 R 与 S 的行数的乘积;列数是 R 与 S 的总和。

2.特有运算

①投影(π):筛选表中的一部分列的内容(但全部行),投影操作记为 π。

②选择(σ):筛选表中的一部分行的内容(但全部列),选择操作记为 σ。

③除法(÷):是笛卡尔积的逆运算。当 S×T=R 时,必有 R÷S=T,T 称为 R 除以 S 的商列。

④连接和自然连接:连接运算也称 θ 连接,是对两个关系进行的运算,从两个关系的笛卡尔积中选择满足给定属性间一定条件的那些元组。

设有 m 元关系 R 和 n 元关系 S,R 和 S 两个关系的连接运算用如下公式表示。

R∞S=σ_AθB (R×S)

其中,A 和 B 分别为 R 和 S 上度数相等且可比的属性组。连接运算从关系 R 和关系 S 的笛卡尔积 R×S 中,找出关系 R 在属性组 A 上的值与关系 S 在属性组 B 上的值满足 θ 关系的所有元组。

当 θ 为“=”时,称为等值连接。

当 θ 为“<”时,称为小于连接。

当 θ 为“>”时,称为大于连接。

自然连接是连接中的一个特例,连接的两个关系通过相同的属性的比较,进行等值连接,相当于 θ 恒为“=”,且在结构中把重复的属性列去掉,表达式记作 R∞S。

【真题演练】

1.有两个关系 R,S 如下：

由关系 R 通过运算得到关系 S,则所使用的运算为(　　)。

R

A	B	C
a	3	2
b	0	1
c	2	1

S

A	B
a	3
b	0
c	2

A.选择　　B.投影

C.插入　　D.连接

2.有三个关系 R、S 和 T 如下：

R

A	B	C
a	1	2
b	2	1
c	3	1

S

A	B	C
d	3	2

T

A	B	C
a	1	2
b	2	1
c	3	1
d	3	2

则关系 T 是由关系 R 和 S 通过某种操作得到,该操作为(　　)。

A.选择　　B.投影

C.交　　D.并

3.有三个关系 R、S 和 T 如下：

R

B	C	D
a	0	k1
b	1	n1

S

B	C	D
f	3	h2
a	0	k1
n	2	x1

T

B	C	D
a	0	k1

由关系 R 和 S 通过运算得到关系 T,则所使用的运算为(　　)。

A.并　　B.自然连接

C.笛卡尔积　　D.交

4.由关系 R1 和 R2 得到关系 R3 的操作是(　　)。

R1

A	B	C
A	1	X
C	2	Y
D	1	y

R2

D	E	M
1	M	I
2	N	J
5	M	K

R3

A	B	C	E	M
A	1	X	M	I
C	2	Y	N	J
D	1	y	M	K

A.等值连接　　B.并　　C.笛卡尔积　　D.交

参考答案:BDDA

005.数据库设计与管理

1.数据库设计与管理

数据库设计通常采用生命周期法,生命周期法将数据库应用系统的开发分解为需求分析阶段、概念设计阶段、逻辑设计阶段和物理设计阶段,并以数据结构与模型的设计为主线。

2.数据库设计需求分析

需求分析的方法主要有结构化分析(SA)方法和面向对象分析方法。SA 方法采用自顶向下、逐步分解的方式分析系统,其常用工具是数据流图和数据字典。

(1)数据流图:用来表达数据和处理过程的关系,通过详细的数据收集和数据分析后得到数据字典,用于描述系统中的各类数据。

(2)数据字典:包括数据项、数据结构、数据流、数据存储和处理过程 5 个部分。

3.数据库概念设计

E-R 方法是概念设计常用的方法,具体步骤如下:①选择局部应用;②视图设计;③视图集成。

4.数据库的逻辑设计

数据库的逻辑设计主要工作是将E-R图转换成指定RDBMS中的关系模式。

5.数据库的物理设计

数据库物理设计的主要目标是对数据库内部物理结构作调整并选择合理的存取路径,以提高数据库访问速度及有效利用存储空间。

6.数据库设计规范

规范化的目的是使关系结构更合理,消除存储异常,使数据冗余更小,便于插入、删除和更新操作等。

在关系型数据库中设计表要满足一定条件,满足不同程度的要求称为不同的范式。

① 1NF:第一范式,满足最低要求(每个列(每个属性)都是不可分割的)。

② 2NF:第二范式,在满足第一范式要求的基础上,进一步满足更多要求(在第一范式的基础上,消除非主属性对主属性的部分依赖)。

③ 3NF:第三范式,在满足第二范式要求的基础上,进一步满足更多要求(在第二范式的基础上,消除非主属性对主属性的传递依赖)。

④ BCNF范式:第三范式只排除了"非主属性"的传递依赖,但没排除"主属性"的传递依赖。

主属性:如果某个属性(某列)是属于某个候选键中的属性,则称为主属性,否则称为非主属性。

【真题演练】

1.数据库设计中反映用户对数据要求的模式是(　　)。

A.内模式　　B.概念模式　　C.外模式　　D.设计模式

2.下列关于数据库设计的叙述中,正确的是(　　)。

A.在需求分析阶段建立数据字典

B.在概念设计阶段建立数据字典

C.在逻辑设计阶段建立数据字典

D.在物理设计阶段建立数据字典

3.数据库设计过程不包括(　　)。

A.概念设计　　B.逻辑设计　　C.物理设计　　D.算法设计

4.定义学生、教师和课程的关系模式：S(S＃，Sn，Sd，SA)(属性分别为学号、姓名、所在系、年龄)；C(C＃，Cn，P＃)(属性分别为课程号、课程名、先修课)；SC(S＃，C＃，G)(属性分别为学号、课程号和成绩)。则该关系为(　　)。

A.第三范式　　B.第一范式　　C.第二范式　　D.BCNF 范式

参考答案：CADA

第7章　选择题专题(OFFICE基础篇)

由于office基础的选择题考点与前面知识点讲解重复,本篇不再重复说明知识点,只精选部分有代表性的真题。

01.Word基础　　难度系数★★★☆☆

1.在Word文档中有一个占用3页篇幅的表格,如需将这个表格的标题行都出现在各页面首行,最优的操作方法是(　　)。

A.将表格的标题行复制到另外2页中

B.利用“重复标题行”功能

C.打开“表格属性”对话框,在列属性中进行设置

D.打开“表格属性”对话框,在行属性中进行设置

2.张经理在对Word2016文档格式的工作报告修改过程中,希望在原始文档显示其修改的内容和状态,最优的操作方法是(　　)。

A.利用“审阅”选项卡的批注功能,为文档中每一处需要修改的地方添加批注,将自己的意见写到批注框里

B.利用“插入”选项卡的文本功能,为文档中的每一处需要修改的地方添加文档部件,将自己的意见写到文档部件中

C.利用“审阅”选项卡的修订功能,选择带“显示标记”的文档修订查看方式后按下“修订”按钮,然后在文档中直接修改内容

D.利用“插入”选项卡的修订标记功能,为文档中每一处需要修改的地方插入修订符号,然后在文档中直接修改内容

3.小张完成了毕业论文,现需要在正文前添加论文目录以便检索和阅读,最优的操作方法是(　　)。

A.利用Word提供的“手动目录”功能创建目录

B.直接输入作为目录的标题文字和相对应的页码创建目录

C.将文档的各级标题设置为内置标题样式,然后基于内置标题样式自动插入目录

D.不使用内置标题样式，而是直接基于自定义样式创建目录

4.小王计划邀请 30 家客户参加答谢会，并为客户发送邀请函。快速制作 30 份邀请函的最优操作方法是(　　)。

A.发动同事帮忙制作邀请函，每个人写几份

B.利用 Word 的邮件合并功能自动生成

C.先制作好一份邀请函，然后复印 30 份，在每份上添加客户名称

D.先在 Word 中制作一份邀请函，通过复制、粘贴功能生成 30 份，然后分别添加客户名称

5.以下不属于 Word 文档视图的是(　　)。

A.阅读版式视图　　B.放映视图

C.Web 版式视图　　D.大纲视图

6.在 Word 文档中，不可直接操作的是(　　)。

A.录制屏幕操作视频　　B.插入 Excel 图表

C.插入 SmartArt　　D.屏幕截图

7.下列文件扩展名，不属于 Word 模板文件的是(　　)。

A.DOCX　　B.DOTM　　C.DOTX　　D.DOT

8.小张的毕业论文设置为 2 栏页面布局，现需在分栏之上插入一横跨两栏内容的论文标题，最优的操作方法是(　　)。

A.在两栏内容之前空出几行，打印出来后手动写上标题

B.在两栏内容之上插入一个分节符，然后设置论文标题位置

C.在两栏内容之上插入一个文本框，输入标题，并设置文本框的环绕方式

D.在两栏内容之上插入一个艺术字标题

9.在 Word 功能区中，拥有的选项卡分别是(　　)。

A.开始、插入、设计、布局、引用、邮件、审阅等

B.开始、插入、编辑、设计、布局、引用、邮件等

C.开始、插入、编辑、设计、布局、选项、邮件等

D.开始、插入、编辑、设计、布局、选项、帮助等

10.在 Word 中，邮件合并功能支持的数据源不包括(　　)。

A.Word 数据源　　B.Excel 工作表

C.PowerPoint 演示文稿　　D.HTML 文件

参考答案：BCCBBAABAC

02.Excel基础　　难度系数★★★☆☆

1.在Excel某列单元格中,快速填充2011年~2013年每月最后一天日期的最优操作方法是(　　)。

A.在第一个单元格中输入“2011-1-31”,然后使用MONTH函数填充其余35个单元格

B.在第一个单元格中输入“2011-1-31”,拖动填充柄,然后使用智能标记自动填充其余35个单元格

C.在第一个单元格中输入“2011-1-31”,然后使用格式刷直接填充其余35个单元格

D.在第一个单元格中输入“2011-1-31”,然后执行“开始”选项卡中的“填充”命令

2.如果Excel单元格值大于0,则在本单元格中显示“已完成”;单元格值小于0,则在本单元格中显示“还未开始”;单元格值等于0,则在本单元格中显示“正在进行中”,最优的操作方法是(　　)。

A.使用IF函数

B.使用条件格式命令

C.使用自定义函数

D.通过自定义单元格格式,设置数据的显示方式

3.小刘用Excel2016制作了一份员工档案表,但经理的计算机中只安装了Office2003,能让经理正常打开员工档案表的最优操作方法是(　　)。

A.将文档另存为Excel97-2003文档格式

B.将文档另存为PDF格式

C.建议经理安装Office2016

D.小刘自行安装Office2003,并重新制作一份员工档案表

4.在Excel工作表中,编码与分类信息以“编码|分类”的格式显示在了一个数据列内,若将编码与分类分为两列显示,最优的操作方法是(　　)。

A.重新在两列中分别输入编码列和分类列,将原来的编码与分类列删除

B.将编码与分类列在相邻位置复制一列,将一列中的编码删除,另

一列中的分类删除

C.使用文本函数将编码与分类信息分开

D.在编码与分类列右侧插入一个空列，然后利用 Excel 的分列功能将其分开

5.以下错误的 Excel 公式形式是(　　)。

A.=SUM(B3:E3)*$F$3　B.=SUM(B3:3E)*F3

C.=SUM(B3:$E3)*F3　D.=SUM(B3:E3)*F$3

6.以下对 Excel 高级筛选功能，说法正确的是(　　)。

A.高级筛选通常需要在工作表中设置条件区域

B.利用“数据”选项卡中的“排序和筛选”组内的“筛选”命令可进行高级筛选

C.高级筛选之前必须对数据进行排序

D.高级筛选就是自定义筛选

7.初二年级各班的成绩单分别保存在独立的 Excel 工作簿文件中，李老师需要将这些成绩单合并到一个工作簿文件中进行管理，最优的操作方法是(　　)。

A.将各班成绩单中的数据分别通过复制、粘贴的命令整合到一个工作簿中

B.通过移动或复制工作表功能，将各班成绩单整合到一个工作簿中

C.打开一个班的成绩单，将其他班级的数据录入到同一个工作簿的不同工作表中

D.通过插入对象功能，将各班成绩单整合到一个工作簿中

8.某公司需要统计各类商品的全年销量冠军。在 Excel 中，最优的操作方法是(　　)。

A.在销量表中直接找到每类商品的销量冠军，并用特殊的颜色标记

B.分别对每类商品的销量进行排序，将销量冠军用特殊的颜色标记

C.通过自动筛选功能，分别找出每类商品的销量冠军，并用特殊的颜色标记

D.通过设置条件格式，分别标出每类商品的销量冠军

9.在 Excel 中,要显示公式与单元格之间的关系,可通过以下方式实现(　　)。

A.“公式”选项卡的“函数库”组中有关功能

B.“公式”选项卡的“公式审核”组中有关功能

C.“审阅”选项卡的“校对”组中有关功能

D.“审阅”选项卡的“更改”组中有关功能

10.在 Excel 中,设定与使用“主题”的功能是指(　　)。

A.标题　　B.一段标题文字

C.一个表格　　D.一组格式集合

参考答案:BDADBABDBD

03.PPT 基础　　难度系数★★★☆☆

1.小李利用 PowerPoint 制作产品宣传方案,并希望在演示时能够满足不同对象的需要,处理该演示文稿的最优操作方法是(　　)。

A.制作一份包含适合所有人群的全部内容的演示文稿,每次放映时按需要进行删减

B.制作一份包含适合所有人群的全部内容的演示文稿,放映前隐藏不需要的幻灯片

C.制作一份包含适合所有人群的全部内容的演示文稿,然后利用自定义幻灯片放映功能创建不同的演示方案

D.针对不同的人群,分别制作不同的演示文稿

2.如果需要在一个演示文稿的每页幻灯片左下角相同位置插入学校的校徽图片,最优的操作方法是(　　)。

A.打开幻灯片母版视图,将校徽图片插入在母版中

B.打开幻灯片普通视图,将校徽图片插入在幻灯片中

C.打开幻灯片放映视图,将校徽图片插入在幻灯片中

D.打开幻灯片浏览视图,将校徽图片插入在幻灯片中

3.在一次校园活动中拍摄了很多数码照片,现需将这些照片整理到一个 PowerPoint 演示文稿中,快速制作的最优操作方法是(　　)。

A.创建一个 PowerPoint 相册文件

B.创建一个 PowerPoint 演示文稿,然后批量插入图片

C.创建一个 PowerPoint 演示文稿,然后在每页幻灯片中插入图片

D.在文件夹中选中所有照片，然后单击鼠标右键直接发送到 PowerPoint 演示文稿中

4.江老师使用 Word 编写完成了课程教案，需根据该教案创建 PowerPoint 课件，最优的操作方法是（　　）。

A.参考 Word 教案，直接在 PowerPoint 中输入相关内容

B.在 Word 中直接将教案大纲发送到 PowerPoint

C.从 Word 文档中复制相关内容到幻灯片中

D.通过插入对象方式将 Word 文档内容插入到幻灯片中

5.可以在 PowerPoint 内置主题中设置的内容是（　　）。

A.字体、颜色和表格　　B.效果、背景和图片

C.字体、颜色和效果　　D.效果、图片和表格

6.在 PowerPoint 演示文稿中，不可以使用的对象是（　　）。

A.图片　　B.超链接　　C.视频　　D.书签

7.如需在 PowerPoint 演示文档的一张幻灯片后增加一张新幻灯片，最优的操作方法是（　　）。

A.执行“文件”后台视图的“新建”命令

B.执行“插入”选项卡中的“插入幻灯片”命令

C.执行“视图”选项卡中的“新建窗口”命令

D.在普通视图左侧的幻灯片缩略图中按 Enter 键

8.李老师在用 PowerPoint 制作课件，她希望将学校的徽标图片放在除标题页之外的所有幻灯片右下角，并为其指定一个动画效果。最优的操作方法是（　　）。

A.先在一张幻灯片上插入徽标图片，并设置动画，然后将该徽标图片复制到其他幻灯片上

B.分别在每一张幻灯片上插入徽标图片，并分别设置动画

C.先制作一张幻灯片并插入徽标图片，为其设置动画，然后多次复制该张幻灯片

D.在幻灯片母版中插入徽标图片，并为其设置动画

9.李老师使用 PPT2016 创建了一份关于公司新业务推广的演示文稿，现在发现第 3 张幻灯片的内容太多，需要将该张幻灯片分成两张显示，以下最优的操作方法是（　　）。

A.选中第3张幻灯片,使用"复制/粘贴",生成一张新的幻灯片,然后将原来幻灯片的后一部分内容删除,将新幻灯片的前一部分内容删除

B.选中第3张幻灯片,单击"开始"选项卡下"幻灯片"功能组中的"新建幻灯片"按钮,产生一张新的幻灯片,接着将第3张幻灯片中的部分内容"复制/粘贴"到新幻灯片中

C.将幻灯片切换到大纲视图下,将光标置于需要分页的段落末尾处,按回车键产生一个空段落,此时再切换回幻灯片设计视图即可分为两张幻灯片

D.将幻灯片切换到大纲视图下,将光标置于需要分页的段落末尾处,按回车键产生一个空段落,再单击"开始"选项卡下"段落"功能组中的"降低列表级别"按钮,此时再切换回幻灯片设计视图即可分为两张幻灯片

10.初三班的物理老师,为了便于教学,他使用PPT2016制作了相关课程的课件,其中文件"1-2节.pptx"中保存了1-2节的内容;文件"3-7节.pptx"中保存了3-7节的内容,现在需要将这两个演示文稿文件合并为一个文件,最优的操作方法是(　　)。

A.分别打开两个文件,先将"3-7节.pptx"中的所有幻灯片进行复制,然后到"1-2节.pptx"中进行粘贴即可

B.打开文件"1-2节.pptx"文件,再单击"文件"选项卡下的"打开"命令,找到文件"3-7节.pptx",单击"打开"按钮,即可将"3-7节.pptx"中的幻灯片放到"1-2节.pptx"文件中

C.打开文件"1-2节.pptx"文件,再单击"开始"选项卡下的"幻灯片"功能组中的"新建幻灯片"按钮,从下拉列表中选择"重用幻灯片",单击"浏览"按钮,找到文件"3-7节.pptx",最后单击右侧的"执行"按钮即可

D.分别打开两个文件并切换至"大纲视图",在大纲视图下复制"3-7节.pptx"中的所有内容,然后到"1-2节.pptx"文件中进行粘贴即可

参考答案:CAABCDDDDC

错题集锦

错题集锦